U0170702

中国特有植物海菜花化学组成及多酚生物活性研究

卢跃红　高春燕　著

中国农业大学出版社
·北京·

内 容 简 介

本书以水鳖科水车前属多年生沉水草本植物海菜花（*Ottelia acuminata*, *O. acuminata*）的花苞、花梗和叶子为原料，采用现代先进技术与设备，系统研究了海菜花的营养组成（蛋白质、氨基酸、脂肪、脂肪酸、维生素、矿物质、单糖等）、海菜花果胶的结构与理化特性、海菜花多酚组成以及多酚的生物活性（抗氧化活性、对 DNA 损伤的保护作用、对 α-葡萄糖苷酶和胰脂肪酶的抑制活性）。研究结果表明，海菜花营养价值较高，含有丰富的蛋白质、必需氨基酸、维生素 C、钾、钙、铁等营养素；并且，海菜花果胶为低甲氧基果胶，具有良好的乳化性能；此外，海菜花多酚种类丰富、含量较高，具有较强的抗氧化活性、对 DNA 损伤的保护作用以及对 α-葡萄糖苷酶和胰脂肪酶的抑制活性。

本书不仅对我国特有植物海菜花的保护与利用、功能食品的开发以及促进主栽区经济的发展等具有重要的现实意义，也可为从事相关领域的科研人员提供参考。

图书在版编目(CIP)数据

中国特有植物海菜花化学组成及多酚生物活性研究/卢跃红,高春燕著. —北京:中国农业大学出版社,2023.6

ISBN 978-7-5655-3019-7

Ⅰ.①中⋯ Ⅱ.①卢⋯②高⋯ Ⅲ.①水鳖科—植物生物化学 Ⅳ.①Q949.710.6

中国国家版本馆 CIP 数据核字(2023)第 142529 号

书　名	中国特有植物海菜花化学组成及多酚生物活性研究
作　者	卢跃红　高春燕　著

策划编辑	康昊婷	责任编辑	康昊婷
封面设计	中通世奥图文设计		
出版发行	中国农业大学出版社		
社　址	北京市海淀区圆明园西路 2 号	邮政编码	100193
电　话	发行部 010-62733489,1190	读者服务部	010-62732336
	编辑部 010-62732617,2618	出　版　部	010-62733440
网　址	http://www.caupress.cn	E-mail	cbsszs@cau.edu.cn
经　销	新华书店		
印　刷	北京虎彩文化传播有限公司		
版　次	2023 年 6 月第 1 版　2023 年 6 月第 1 次印刷		
规　格	170 mm×228 mm　16 开本　10 印张　175 千字　彩插 4		
定　价	79.00 元		

图书如有质量问题本社发行部负责调换

前　言

　　"海菜花，开白花，爱洗澡的小娃娃，清清的水不带泥也不带沙，滇池到处都是海菜的家。"这是曾经流传于老昆明的一首童谣，描写的是当年清澈的滇池开满海菜花的情景，但如今的昆明滇池再也找不到海菜花的踪迹。

　　海菜花是我国特有的珍稀水生植物，主要分布在云南的大理、丽江、昆明、江川、石屏，四川的布拖，贵州的贵定、平塘至安龙、威宁，广西的靖西和海南的文昌等地。但目前在一些受污染的高原湖泊（如滇池、杞麓湖），或过度养殖草鱼的湖泊中，野生海菜花已几乎灭绝。可喜的是，如今海菜花作为人们常年食用的蔬菜在大理等地已有广泛的种植。

　　海菜花用途广泛、应用历史悠久，它的身上具有许多高端的标签，如"生态菜""白族药""水质风向标""观赏植物"等。

　　海菜花是营养丰富的生态菜。海菜花的食用历史可追溯至清代。在当时物质极其匮乏的年代，云南各少数民族将海菜花的叶子、花梗和花苞作为蔬菜食用，一直延续至今。如今，云南大理非常有名的"海菜芋头汤"，就是白族用海菜花的花梗、花苞与芋头煮汤烹饪的一道家常菜。

　　海菜花是一种传统中药材。据《新华本草纲要》和《中华本草》记载，海菜花具有清热、止咳、利水、消肿等功效，用于治疗小便不利、便秘、热咳、咯血、哮喘、淋症、水肿等多种疾病。大理白族则将海菜花作为明目养肝、止咳化痰，辅助治疗心血管疾病与尿频的药物。

　　海菜花是水质好坏的风向标。由于海菜花对水质极为敏感，水清则花盛，水污则花败。因此，海菜花是一种重要的生物指示剂，可用于检测水质的变化。

　　海菜花是我国南方云贵高原湖泊中美丽的观赏植物。"冰心潋荡映云霞，水上轻盈海菜花。袅娜身姿清自守，凌波仙子几芳华"描写的就是海菜花的外观和美景。海菜花盛花期时,一朵朵淡雅洁白的花撒在透明清澈的水面上,疏密有致。近看,小家碧玉、冰肌玉骨;远看像是天空飘落的雪花,又像是夜空的点点繁星……

如今,在人们普遍推崇绿色、环保、无公害的大背景下,海菜花作为一种应用了几百年的药食两用植物,其营养组成、功效成分及功效作用的系统研究很少。本书采用现代先进技术与设备,从化学角度和分子水平上系统研究了海菜花的化学组成、结构、理化性质、营养特性及生物活性。本书分为绪论、海菜花营养组成分析、海菜花多酚组成分析、海菜花多酚生物活性研究、结论与展望共5章,详细阐述了海菜花花苞、花梗和叶子的营养组成、果胶多糖的结构与特性、多酚组成以及多酚的生物活性。主要研究结果如下:

(1)海菜花的水分含量为91.94~95.46 g/100 g鲜重,粗纤维含量为10.16~13.33 g/100 g干重,还原糖含量为3.66~7.37 g/100 g干重,总糖含量为9.91~19.89 g/100 g干重,含有的主要单糖为果糖和葡萄糖,且在花苞、花梗和叶子中的含量存在差异。

(2)海菜花花苞的果胶产量最高为8.73 g/100 g干重,其次为茎(7.75 g/100 g干重),果胶产量最低的是叶子(1.60 g/100 g干重)。对海菜花花苞果胶的理化及乳化特性研究表明:果胶是带负电荷的低甲氧基果胶,分子量较大(约35.84×10^5 Da),其单糖主要由半乳糖、木糖和葡萄糖组成;果胶的电荷密度和分子形态随着pH的变化而显著变化;果胶黏度与温度和浓度的关系式为:$\eta = 0.016\,83\ exp[16.328\,3\ exp\,(0.026\,2\ C)/RT]C^{-1.581\,6}$;在果胶浓度为2.0 g/100 mL时,可获得含50% 油层 (V/V) 的稳定乳液,在果胶浓度为1.0 g/100 mL时,含50%油层的乳液在7 d内稳定,之后所有的乳液在不同pH、Na^+和Ca^{2+}浓度下能够观察到明显的乳液分离层。

(3)海菜花粗蛋白含量为17.66~24.27 g/100 g干重,氨基酸总含量达到214.33~501.79 mg/g蛋白,含量最丰富的氨基酸为谷氨酸,且都是叶子中含量最高,其次为花苞,花梗中最少;必需氨基酸占氨基酸总量的40%,必需氨基酸与非必需氨基酸的比例超过60%,且支链氨基酸和鲜味氨基酸含量较为丰富,分别占氨基酸总量的18%和30%。

(4)海菜花的粗脂肪含量为8.93~10.33 g/100 g干重,总脂肪酸含量为

1 978.55～3 680.45 µg/g 干重,且都是叶子中含量最高,其次为花苞,花梗中含量最少;海菜花中主要的脂肪酸为棕榈酸、硬脂酸、山嵛酸、木蜡酸、棕榈油酸、α-亚麻酸、油酸、芥子酸和神经酸,它们在海菜花不同部位中的含量差异较大。

(5) 海菜花维生素 B$_2$ 含量为 0.11～0.18 mg/100 g 干重,维生素 C 的含量为 40.57～119.72 mg/100 g 干重,维生素 E 含量为 1.71～4.39 mg/100 g 干重,且在不同部位中的含量不同;海菜花中含量最丰富的矿物质元素是 K,其次是 Ca、Fe、Mn、Mg 和 Zn,Cu 含量最低,且同一种矿物质元素在海菜花不同部位中的含量不同。

(6) 海菜花多酚纯化后的得率为 34.00～48.95 mg/g 干重,总酚含量(TPC)为 257.62～388.19 mg/g 提取物,TPC 花苞最高,其次为花梗,叶子最少;首次从海菜花多酚提取物中鉴定出 42 种单体酚类化合物,其中酚酸 16 种,黄酮 26 种;分别从花苞、花梗和叶子中鉴定出 36 种、29 种和 25 种单体酚类化合物;黄酮、黄酮醇和羟基肉桂酸是海菜花中主要的酚类化合物,其中以木犀草素及其糖苷、槲皮素糖苷、绿原酸、咖啡酰苹果酸含量最为丰富;从花苞中鉴定出一种鲜有报道的异黄酮鸢尾黄素 7-O-葡萄糖基-4′-O-乙酰化葡萄糖苷。

(7)海菜花总单体酚含量(TIPC)为 150.57～291.15 mg/g 提取物。花苞中,黄酮(flavones)含量最高(152.20 mg/g 提取物),并以木犀草素及其糖苷为主;其次为羟基肉桂酸(87.23 mg/g 提取物),其中以绿原酸及其衍生物、咖啡酰苹果酸和 5-O-阿魏酰奎宁酸含量最为丰富。花梗中,羟基肉桂酸含量最高(158.18 mg/g 提取物),且以咖啡酰苹果酸、绿原酸及其衍生物和 5-O-阿魏酰奎宁酸为主;其次为黄酮醇(111.63 mg/g 提取物),其中以槲皮素糖苷含量最为丰富。叶子的多酚组成大体上与花梗一致。

(8)海菜花多酚提取物具有显著的抗氧化作用,其 DPPH 值、FRAP 值和 TEAC 值分别为 1.89～2.25 mmol TE/g 提取物、4.31～5.61 mmol Fe(Ⅱ)/g 提取物和 1.13～1.51 mmol TE/g 提取物;清除羟基自由基的 IC$_{50}$ 值分别为 0.44 mg/mL、1.01 mg/mL 和 1.77 mg/mL,且在 4 种抗氧化评价体系中,均是花苞抗氧化能力最强,其次为花梗,叶子最弱。

(9)海菜花多酚提取物对羟基自由基和过氧自由基介导的 DNA 损伤都有明显的保护作用。在测试浓度 25～800 µg/mL 范围内,海菜花花苞、花梗、叶子多酚提取物对羟基自由基介导的 DNA 损伤保护作用的超螺旋百分比分别为 65.15%～95.91%、56.06%～94.06% 和 65.78%～95.77%,对过氧自由基介导的 DNA 损伤保护作用的超螺旋百分比分别为 30.90%～95.37%、17.39%～94.45% 和 25.37%～94.30%。

(10)海菜花多酚提取物对 α-葡萄糖苷酶和胰脂肪酶都具有明显的抑制作用。在测试浓度范围内(25～400 μg/mL),海菜花花苞、花梗和叶子多酚提取物对 α-葡萄糖苷酶的抑制率分别为 27.33%～88.89%、14.78%～73.81% 和 29.43%～79.47%,IC_{50} 值分别为 59.76 μg/mL、137.72 μg/mL、66.28 μg/mL,抑制类型属于混合非竞争性抑制;在测试浓度范围内(0.25～4.00 mg/mL),海菜花花苞、花梗和叶子多酚提取物对胰脂肪酶的抑制活性分别为 5.46%～90.37%、10.54%～90.83% 和 6.22%～91.81%。与 α-葡萄糖苷酶抑制活性结果一致,花苞和叶子多酚提取物对胰脂肪酶抑制活性的 IC_{50} 值接近(1.07 mg/mL 和 1.06 mg/mL)且小于花梗(1.16 mg/mL),抑制类型属于竞争性抑制。

希望本书可以为海菜花生态菜的食用推广、海菜花的种植、海菜花食用地方标准的制定以及相关产品的研究开发提供参考。

本书在编写过程中,得到了科研团队成员杨文艺、孔宵、陈友霞、刘珍珍等的大力支持和协助,得到北方民族大学青年人才培育项目(2021KYQD34)、北方民族大学 2022 年国家自然科学基金培育项目(SKGJ2022)、北方民族大学生物科学与工程学院、云南省地方高校联合专项(202001BA070001-083)等的资助和支持,在此一并致谢。

由于业务水平和编写经验有限,书中不足之处在所难免,敬请各位专家和读者批评指正,作者不胜感谢!

卢跃红

2023.5.1

目　录

第1章　绪　论

1.1　海菜花的植物学特性及研究利用现状

1.1.1　海菜花的植物学特性及分布

海菜花[*Ottelia acuminata* (Gagnep.) Dandy，*O. acuminata*]，在大理俗称"海菜"，隶属于水鳖科(Hydrocharitaceae)水车前属(*Ottelia*)。水车前属约有21个种，分布在全世界温暖的地区，其中，非洲有13个种，亚洲和大洋洲7个，南美洲1个。中国产4种4变种。该属所有物种都是水生的，且只限于淡水中生长。

海菜花为多年生沉水草本。植株根为须根，茎短缩，叶基生。叶形变化较大，幼叶线形，不断长成披针形或卵形或心形等形状，先端渐尖或钝，基部耳形或心形，叶缘波状、全缘或具微锯齿，叶脉弧形，背面脉上有时出现肉刺状突起；叶柄长短随水深浅而不同，深水湖中叶柄长达 200～300 cm，浅水田中叶柄长仅 4～20 cm，柄上及叶背沿脉常具肉刺。花序梗通常为线形，光滑或有棱，花粉授精后变成螺旋形状，其长度随水的深度而异，最大的可以达到 6 m 长。花单性，雌雄异株；佛焰苞长 9～15 mm，具 2～6 棱，有时棱上和棱间有刺，萼片 3 枚，绿色至深绿色，披针形，具毛。雄佛焰苞内含 20～50 朵雄花，雌佛焰苞含有雌花 1～5 朵。雌花的花萼、花瓣的形态与雄花几乎一致：花瓣 3 片，上部 2/3 白色，基部 1/3 黄色或深黄色，倒心形，长 1～3.5 cm，宽 1.5～4 cm；花丝扁平，花药卵状椭圆形。果实为三棱状纺锤形，常为绿色，少数褐绿色，长约 8 cm，棱上有明显的肉刺和疣凸。花果期 5—10 月，温暖地区一年四季开花。叶片和花梗通常生长于水面以下，而佛焰苞花朵浮于水面，花后沉入水底。海菜花的形状见图 1-1。

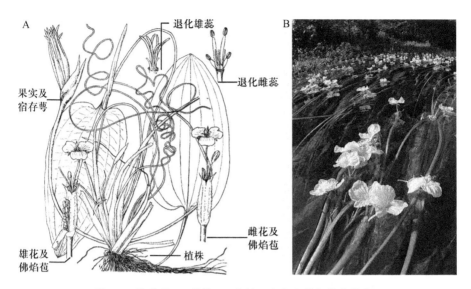

图 1-1　海菜花(A:结构;B:生长于水中盛花期的海菜花)

海菜花是我国云贵高原及西南邻区特有的植物,分布于海拔 600~3 000 m 的温暖地区,通常生长在水质清澈的湖泊、河流、小溪、鱼塘、池塘、沟渠和深水田中,其生长的基层土质为黏土或泥沙,泸沽湖中生长的为砂砾,水质 pH 为 7.0~8.4。海菜花主要分布在云南的大理、丽江、昆明、江川、石屏,四川的布拖,贵州的贵定、平塘至安龙、威宁,广西的靖西和海南的文昌等地。根据形态学特征,海菜花可分为 5 个变种,即原变种(O. acuminata var. acuminata),靖西海菜花(O. acuminata var. jingxiensis),路南海菜花(O. acuminata var. lunanensis),波叶海菜花(O. acuminata var. crispa)和嵩明海菜花(O. acuminata var. songmingensis)。据 Ley 等报道,20 世纪 60 年代海菜花是云南省高原地区最普遍的水生植物。由于其对水污染、过度采收和放入草鱼的破坏极其敏感,目前野生海菜花已经很少。1987 年,海菜花被中国政府列入濒危物种,是我国特有的珍稀濒危水生植物,国家三级濒危保护植物。

1.1.2　海菜花的研究与利用现状

海菜花是一种药食两用植物。据报道,海菜花富含各种营养素。其粗蛋白含量为 16.45%~28.89%,与普通豆子的蛋白含量相当,并且含有丰富的必需氨基酸和鲜味氨基酸,是一种优质的植物蛋白来源;粗脂肪含量为 3.23%~

10.47%,富含 K、Na、Ca、Fe、Zn 等多种矿物质元素。海菜花营养丰富,在云南少数民族地区有着悠久的食用传统。据文献记载,早在清代,海菜花的叶子、花梗和花苞就被云南当地人当作美味的蔬菜食用,一直延续至今。云南大理白族用海菜花的花梗连同花苞与芋头煮汤,名为"海菜芋头汤",味道清爽鲜美,是白族常年食用的一道家常菜。大理剑川居民用海菜花作香料提鲜,取其叶片和豆米(鲜嫩的蚕豆或豌豆籽)熬汤食用。大理鹤庆居民用海菜花的叶和花梗与豆腐制作"海菜豆腐汤",或用其炒火腿、肉丝,腌制咸菜。昆明滇池流域的居民将海菜花的花梗制作成脆嫩鲜香的"海菜酢",或将其切碎,与玉米面、辣椒等制作成咸菜干品。此外,海菜花还是一种传统中药材,据《新华本草纲要》和《中华本草》记载,海菜花具有清热、止咳、利水、消肿等功效,用于治小便不利、便秘、热咳、咯血、哮喘、淋症、水肿等多种疾病。在大理地区海菜花也是一味"民族药",当地白族将海菜花作为明目养肝、止咳化痰、辅助治疗心血管疾病与尿频的药物。另据报道,同一属的其他种龙舌草[Ottelia alismoides(L.)Pers.]具有显著的抗结核功效。另外,海菜花是一种美丽的观赏型水生植物,其色洁白淡雅、黄蕊素萼,盛花期为每年 5—10 月,在温暖和光照充足的地区全年开花,洁白的海菜花花朵"洒"满水面,好像一只只蝴蝶,随水波摇曳,靓丽动人。此外,海菜花对水体污染较为敏感,因此是一种重要的生物指示剂,可用于检测水质的变化。由此可见,海菜花集药用、食用、观赏、监测水质等多功能于一体,是一种极具开发前景的药食兼用植物资源。

海菜花资源丰富,早在 2003 年,野生海菜花在大理被人工驯化栽培成功,如今在大理地区常年种植,作为云南地区人们全年食用的一种高原特色蔬菜。目前,海菜花在大理的种植面积超过 200 hm²,年鲜产量为 22 500~30 000 kg/hm²,年产值达到 1 700 多万元,为当地农民带来了良好的经济效益。

目前,对海菜花的研究主要集中在其分类、遗传多样性、生物学特性等方面。在营养组成方面,仅有蛋白含量、氨基酸组成、粗脂肪及矿物质元素被报道,但不够全面,而有关海菜花的化学组成及生物活性研究鲜有报道。

1.2　植物多酚的研究进展

1.2.1　植物多酚的概念、分类及来源

　　植物多酚是植物中分布最广的次生代谢产物之一,是植物在正常发育和受紫外线辐射、感染、伤害等胁迫条件下合成的次生代谢物。从生物遗传的角度看,植物多酚有两种代谢途径:一是莽草酸代谢途径,主要生成苯丙素类;二是主要产物为简单酚的乙酸代谢途径。大部分酚类化合物都是通过莽草酸途径合成的。植物多酚广泛存在于植物体内,主要存在于植物的皮、籽、果实、叶及根中,其含量仅次于纤维素、木质素和半纤维素。

　　植物多酚显示了极大的多样性。就其在自然界中的分布而言,植物多酚可分为三大类:一是分布较少的多酚,如简单酚类、邻苯二酚类、对苯二酚类、间苯二酚类,由苯甲酸衍生的醛类(如香草醛);二是分布广泛的多酚,如黄酮类及其衍生物、香豆素类和酚酸类;三是聚合物,如鞣质和木质素。按照在植物细胞中所处的位置,植物多酚可分为:可溶性多酚,如简单的苯酚、黄酮类化合物和中、低分子量的不与膜化合物结合的鞣质;不溶性多酚,主要由缩合单宁、酚酸和其他与细胞壁多糖或蛋白质结合形成的不溶性稳定复合物组成。这种分类从营养学的角度来说是有意义的,在很大程度上,植物多酚在胃肠道中的代谢和生理效应将取决于它们的溶解性。不溶性的酚类化合物不被消化,可以部分或全部在粪便中被定量检测到,而可溶性多酚的一部分能够穿过肠屏障,可以在血液中检测到它们的原化合物或代谢物。

　　在结构上,植物多酚指的是含有一个或多个芳香环结构,且至少含有一个羟基取代基的芳香环化合物,包括功能性衍生物(酯类、甲基醚、糖苷等)。根据芳香环的数目以及连接在环上的结构元素,多酚的主要类别包括简单酚类(simple phenols)、酚酸类(phenolic acids)、黄酮类(flavonoids)、芪类(stilbenes)、木脂素类(lignans)以及单宁(tannins)和木质素(lignins)。其中,黄酮类化合物占摄入总量的 2/3,是人类饮食中最丰富的多酚类物质。膳食中多酚类物质的主要来源有果蔬、饮料、谷物和豆类。表 1-1 列出了膳食中多酚类物质的主要来源。

在植物体内,酚类化合物在生理和细胞代谢中起着至关重要的作用,它们参与植物的许多功能,可以作为植物防御素、拒食活性物质、授粉者的引诱剂,并且对植物色素着色、抗氧化及对抗寄生虫、创伤、空气污染和极端温度都有贡献。另外,植物多酚与植物的苦味、涩味、气味和氧化稳定性等都有关。

表 1-1　植物多酚的膳食来源

种类	亚类	常见化合物	膳食来源
酚酸	羟基肉桂酸	咖啡酸	杏,蓝莓,胡萝卜,谷类,梨,樱桃,柑橘类水果,油籽,桃,梅,菠菜,番茄,茄子,咖啡豆
	羟基苯甲酸	没食子酸	蓝莓,谷类,酸果蔓,油籽,五倍子,漆树,茶叶
黄酮类	花青素	矢车菊素	覆盆子,黑醋栗,红醋栗,蓝莓,樱桃,苦樱桃,葡萄,草莓,紫甘蓝,甜菜,红酒
	黄烷醇类	儿茶素	苹果皮,蓝莓,葡萄,洋葱,生菜,绿茶,黑茶,巧克力,红酒
	黄烷酮类	橘皮苷	柑橘类水果
	黄酮醇类	槲皮素	苹果,豆类,蓝莓,荞麦,酸果蔓,菊苣,韭葱,生菜,洋葱,橄榄,胡椒,番茄,茶,红酒,越橘
	黄酮类	木犀草素	柑橘类果皮,芹菜,香菜,菠菜,百里香,青椒
	异黄酮类	染料木黄酮	大豆,苜蓿芽,鹰嘴豆,花生,其他豆类
单宁	缩合单宁	原花青素	苹果,葡萄,桃,梅,山竹,梨
	水解单宁	单宁酸	石榴,红莓
	褐藻多酚		海带,岩藻
香豆素类	—	七叶内酯	胡萝卜,芹菜,柑橘类水果,香菜,防风草,秦皮
木脂素类	—	开环异落叶松树脂酚	荞麦,亚麻籽,芝麻种子,黑麦,小麦
芪类	—	白藜芦醇	葡萄皮,红酒

多酚在植物组织、细胞和亚细胞水平上的分布是不均匀的。可溶性多酚主要存在于植物细胞液泡中,而不溶性多酚主要存在于细胞壁。一般而言,植物表层比内层部分含有更多的多酚。细胞壁中的多酚与各种细胞成分相结合,有助于提高细胞壁的机械强度,同时,在植物生长、形态形成以及在细胞中对应激和病原体做出应答的过程中发挥调节作用。对香豆酸和阿魏酸是细胞壁的主要酚

酸,这些化合物可能被酯化为果胶和阿拉伯木聚糖,或以二聚体的形式与细胞壁多糖交联,如脱氢阿魏酸盐与组丝酸。这些交联作为木质素形成的场所,在细胞与细胞的黏合中起着重要的作用,并且有助于提高植物性食品质地的热稳定性。植物体内的多酚含量随着外界环境的变化而变化。在紫外线辐射、病原体和寄生虫感染、损伤、空气污染以及极端温度暴露等应激条件下,某些酚类物质的含量可能会增加。如在胡萝卜中,乙烯处理、紫外线辐照、微生物感染、伤害、高温保藏都会增加异香豆素的含量。另外,生长条件、栽培技术、加工和贮藏条件、成熟过程以及品种等因素也会影响植物多酚的含量。

1.2.2 植物多酚的提取方法

植物酚类化合物从简单的聚合物质到高度的聚合物质不等,其中包括不同比例的酚酸、苯丙素类、花青素和单宁等。它们可能与碳水化合物、蛋白质和其他植物组分结合以复合物的形式存在,一些高分子量的酚类化合物及其复合物相当难溶解。并且,植物材料的酚类提取物通常是不同种类的酚类化合物的混合物,必须用额外的方法去除不需要的酚类和非酚类物质,如蜡、脂肪、萜烯和叶绿素等。酚类化合物的溶解度受所用溶剂的极性、酚类物质的聚合程度、酚类物质与其他成分的相互作用以及不溶性复合物的形成等因素的影响。因此,没有一种统一或完全令人满意的方法适合于所有植物材料酚类物质的提取。为了最大限度地提高植物多酚的提取效率,人们研究了各种不同的提取方法。

有机溶剂提取法是提取植物多酚最常用的方法。它是根据相似相溶的原理,使目标成分从固体原料表面或组织内部转移至溶剂中。乙酸乙酯、丙酮、甲醇、丙醇、乙醇、水、二甲基甲酰胺以及它们的组合物是常用的溶剂。或者用酸、碱辅助溶剂进行萃取。影响溶剂提取效果的因素有样品颗粒大小、提取时间、提取次数、料液比等。由于植物细胞壁内含有各种多糖,如半纤维素、淀粉、果胶等,常规有机溶剂提取效率不高,并且传统有机溶剂萃取存在毒性大、溶剂用量大、环境污染等问题,因此出现了许多新的提取技术以及其他的绿色提取溶剂,列举如下。

1. 高压萃取法(high pressure extraction)

高压萃取是通过高压处理对细胞膜进行物理损伤,使植物的结构发生变化,从而增加细胞壁的通透性和次生代谢物向溶剂中的扩散,提高提取率。高压萃取的主要工艺如下:先用溶剂处理植物材料;再用等静压超高水压(isostatic ultra high hydraulic pressure)处理该混合物,过滤该混合物以消除固体;最后将得到的提取物进一步浓缩、干燥或纯化,以获得感兴趣的生物分子。热敏性化合物的提取很容易通过高压萃取来实现。利用这一技术也可以轻松、快速地提取挥发性化合物,而且得到的化合物不会发生降解。高压萃取的压力范围为$100\sim1\,000$ MPa。在高压下,大多数天然生物分子的溶解度有所提高,因此,与其他提取技术相比,高压萃取技术能够提取更多的植物化学成分。而且,高压萃取技术是在封闭的环境中进行的,不存在溶剂的挥发,从而防止了对环境的污染。随着研究的深入,将酶辅助法结合到高压萃取技术中,实现了植物化学物的高效提取。该技术可显著降低提取液的黏度,提高其活性组分的含量和抗氧化活性。

2. 离子液体提取法(ionic liquid extraction)

离子液体(ionic liquid)由大体积的有机阳离子和无机或有机阴离子组成,在室温下是液态的,因此又称为室温离子液体。由于具有低蒸气压、易于回收、与水和有机溶剂相溶、化学和热稳定性以及良好的溶解性和在有机化合物中的可萃取性等特殊特性,它们在有机合成、催化反应、萃取分离等领域得到了广泛的应用。出于对环境保护的迫切需要,在从植物中提取生物分子时,离子液体被认为是一种比传统溶剂更安全的选择。离子液体提取技术可用于提取生物碱、木脂素和多酚等生物活性化合物。离子液体比传统的有机溶剂具有更高的黏性,这种高黏性对酶的稳定性和活性都有影响。Rantwijk 和 Sheldon 证实了在高黏性的离子液体溶剂中酶构象的变化是缓慢的,因此这在很长一段时间内能够维持酶的活性和稳定性。也就是说,在高黏度的离子溶剂中,酶对高温仍然具有良好的稳定性,因此,将离子液体与酶萃取技术结合起来能显示其优越性。目前,离子液体辅助酶提取技术已成功地应用于各种化合物的提取,如姜黄素和酚类化合物。报道中有用离子液体酶辅助法提取杜仲中绿原酸的研究。与传统提取工艺相比,离子液体酶辅助法具有较高的绿原酸提取率。扫描电镜结果表明,经离子液体和酶处理的植物,通过降低传质屏障,使离子液体更好地渗入植物细胞壁,从而产生了高效的萃取效果。

3. 超临界流体提取法(supercritical fluid extraction)

超临界流体(supercritical fluid)是压力和温度同时高于临界值的流体,即压缩到具有接近液体密度的气体,是物质介于气态和液态之间的一种新的状态,具有溶解能力强、黏度低、扩散系数高等特点。目前,应用最广的是超临界 CO_2 萃取,与溶剂萃取相比,超临界 CO_2 萃取由于其操作温度温和而具有防止热敏性物质氧化和损失的优点,还具有操作简单、成本低、无溶剂残留等优点,被广泛应用于植物化学物质的提取和分离。随着研究的深入,目前还出现了将酶与超临界 CO_2 结合进行萃取的技术。

酶辅助超临界 CO_2 提取技术不但能够提高多酚的提取率,还能提高所提取多酚的抗氧化活性。Mushtaq 等用超临界 CO_2 辅助酶法提取红茶残渣中的结合酚:首先用不同的酶制剂水解红茶残渣,然后以乙醇为辅助溶剂进行超临界 CO_2 萃取;对照组采用常规溶剂乙醇和水(4/1,V/V)进行萃取。结果表明,超临界 CO_2 辅助酶(α-淀粉酶)法,能促进结合酚的释放,其结合酚的提取率比对照组提高了 5 倍,并且,超临界 CO_2 辅助酶法提取得到的多酚更清洁,其酚类物质更丰富。同样,在另一项研究中,Mushtaq 等使用相同的方法从石榴皮中提取酚类抗氧化剂。结果发现,与对照组相比,酶辅助超临界 CO_2 萃取不仅明显提高了石榴皮多酚的总酚含量及其抗氧化活性(自由基清除能力),而且还提高了可萃取生物活性组分的回收率。

4. 负压空化法(negative pressure cavitation)

空化是指在液体或液固界面上数百万微小气泡(空穴)的产生、增大和随后的崩溃。这些产生的气泡的崩溃将释放出高能量,并在许多通常与空化系统反应速率增强有关的反应部位造成较高的局部温度和压力。负压空化提取方法是依靠负压空化气泡形成强烈的空化效应和机械振动,致使提取样品的细胞壁快速破碎,并加速细胞内成分向介质释放、扩散和溶解,加速提取的过程。其适于工业化生产,具有提取率高、设备简单、易于操作、经济、节能的特点。

影响负压空化提取的主要因素:负压空化装置的压力、萃取时间、萃取温度、每次萃取循环的时间、溶剂类型、溶剂浓度、固液比、溶解气体(空气或氮气)。

负压空化法具有提取率高、提取时间短、提取纯度高、适于热敏性化合物的提取等特点。Tian 等比较了常规提取方法(浸出法、热回流提取、超声波辅助)与负压空化法对亚麻籽饼中亚麻木酚素的提取率和纯度,结果表明,负压空化法显示了更高的提取率(6.25 mg/g)和纯度(3.86%),其优化的提取工艺可以在中试应用中推广。

负压空化法与其他技术(超声波、微波、均质化预处理、酶辅助处理、离子液体溶剂、深共熔溶剂)联用,能够取长补短,达到最佳优化的提取效果。Wang 等用超声波联合负压空化技术提取蓝莓中酚类化合物,结果表明,与单独的超声波辅助法和负压空化法相比,超声波联合负压空化技术提取的时间更短,提取率更高,酚类化合物的抗氧化活性更强。Yao 等用微波辅助联合负压空化技术提取鹿蹄草中的金丝桃素、2′-O-没食子酰基金丝桃苷和伞花梅笠草素,与单独的微波辅助法和负压空化法相比,微波辅助联合负压空化法的提取时间更短,提取率更高,提取的多酚抗氧化活性更强。Zhang 等用均质化处理联合负压空化法提取鹿蹄草中的多酚,结果表明,均质化处理联合负压空化法比单独的负压空化法获得更高的提取率和多酚抗氧化活性。此外,负压空化法联合其他方法提取植物多酚,能够缩短提取时间、获得更高的提取率和多酚抗氧化活性。如负压空化法联合酶预处理法,负压空化法联合离子液体法,负压空化法联合深共熔溶剂。

5. 环糊精辅助提取法(cyclodextrin-assisted extraction)

环糊精是直链淀粉在环糊精葡萄糖基转移酶作用下生成的环状低聚糖,通常含有 6 个、7 个或 8 个 D-(+)-葡萄糖单元,分别称为 α-环糊精、β-环糊精和 γ-环糊精,各葡萄糖单元均以 α-1,4-糖苷键结合成环。由于连接葡萄糖单元的糖苷键不能自由旋转,环糊精略呈锥形的圆环。在天然的环糊精中,β-环糊精是最容易获得的,而且经过修饰的 β-环糊精已被用来消除与低水溶性相关的问题。环糊精包含一个亲水的外表面和一个相对疏水的中心腔,这种特殊的结构特征使环糊精能够通过非共价键作用力,如范德华力、疏水相互作用和氢键,与多种化合物形成宿主-客体包合物。环糊精的辅助萃取作用主要是由于其对酚类化合物的包合能力。大量文献报道,环糊精能够成功地包合酚酸类、黄酮类及芪类化合物,如咖啡酸被包合在 β-环糊精中,反式-肉桂酸被包合在 β-环糊精中,白藜芦醇被包合在 α-环糊精、β-环糊精、γ-环糊精、甲基-β-环糊精和磺丁基-β-环糊精中,儿茶素、表儿茶素、表没食子儿茶素(EGC)、表儿茶素没食子酸酯(ECG)、表没食子儿茶素没食子酸酯(EGCG)和没食子儿茶素没食子酸酯(GCG)被包合在 β-环糊精和羟丙基-β-环糊精中,芦丁被包合在β-环糊精、羟丙基-α-环糊精、羟丙基-β-环糊精和羟丙基-γ-环糊精中,柚皮素、橙皮素、杨梅素和芹菜素被包合在羟丙基-β-环糊精中等。酚类化合物-环糊精包合物的化学计量比通常为$1:1$,但$2:1$、$1:2$、$2:2$甚至更复杂的结合几乎总是同时存在的。不仅单一的化合物能作为客体分子被包合在环糊精中,各种植物原料的多酚粗提物也能与环糊精形成包合物复合体,如蜡梅多酚粗提物被包合在β-环糊精和γ-环糊精中、当归多酚粗提物被包合在HP-β-环糊精中。

利用环糊精对酚类化合物的这一包合特性,能够有效地进行酚类化合物的萃取。其原理是:在环糊精水溶液中加入植物原料后,液态水能够渗透到细胞中,从而使酚类化合物从基质中分离并扩散到萃取液中。释放的酚类化合物分子与萃取介质中的环糊精相互作用,并根据它们对应的亲和力形成酚类化合物-环糊精包合物。当萃取体系达到平衡时,与环糊精形成更稳定的复合物酚类化合物,从而有效地进行萃取。由于水是主要的溶剂,在水溶液中使用环糊精作为萃取介质可以认为是一种绿色萃取。

影响环糊精辅助萃取效率的主要因素有以下几点。

(1)环糊精的种类。环糊精的种类是影响萃取率和从样品基质中选择性提取酚类化合物的最关键因素之一。β-环糊精由于其合适的腔尺寸而得到了广泛的应用,γ-环糊精更适合于中等或较大的化合物,而α-环糊精仅限于容纳一些小的客体分子。

(2)环糊精的浓度。一般情况下,萃取介质中环糊精的浓度越高,就有越多的酚类化合物与它们相互作用,从而提取的酚类化合物浓度越高,但是当所有的酚类化合物都被提取时,增加环糊精浓度不会导致提取液中更高的酚类化合物浓度。

(3)萃取温度和时间。一方面,萃取温度的升高增加了分子扩散,降低了溶剂的黏度和表面张力,使溶剂更好地进入样品基质,从而提高了萃取率,缩短了萃取时间。另一方面,高温和较长的萃取时间增加了酚类化合物氧化和热降解的概率,从而降低了萃取物中酚类化合物的含量。因此,选择合适的萃取温度和时间以保持所提取的酚类化合物的稳定性是至关重要的。

(4)萃取技术。环糊精辅助提取酚类化合物的另一个关键是选择一种有效的萃取技术,以提高酚类化合物与环糊精的亲和力,促进里-外平衡,最大限度地提高目标物的萃取率。目前,热回流萃取(HRE)、搅拌萃取(SE)、振动萃取(SKE)、超声辅助萃取(UAE)、微波辅助萃取(MAE)和超声-微波辅助萃取(U-MAE)已经与环糊精辅助提取技术相结合用于酚类化合物的提取。López-Miranda 等评价了搅拌萃取和超声波辅助萃取联合环糊精技术从红葡萄渣中提取儿茶素和表儿茶素的潜力,发现超声波联合环糊精提取法更有效。为考察提取过程中多酚的氧化降解,另一项研究比较了热回流萃取、超声波辅助萃取、微波辅助萃取和超声-微波辅助萃取分别与 β-环糊精联合,提取虎杖中的虎杖苷、白藜芦醇、大黄素和大黄素-8-O-β-D-葡萄糖苷的效果,超声-微波辅助萃取与 β-环糊精联合显示了非常好的提取成绩。

与其他萃取溶剂相比,水溶液中的环糊精在提取植物多酚方面具有几个优势。首先,提高了植物多酚的提取效率,缩短了萃取时间。其次,提取获得的多酚具有较高的抗氧化活性。这是因为:①提取物中更高的多酚含量及更多种类的酚类物质;②环糊精包合物的形成保护了多酚不被自由基快速氧化;③包合物的形成可以提高多酚的抗氧化能力。最后,环糊精包合多酚,提高了它们的稳定性和生物利用率,并且在提取之后没有必要去除环糊精,这对于将来在食品工业上大规模的应用是非常有用的。

6. 深共熔溶剂(deep eutectic solvents,DES)提取法

深共熔溶剂,通常由两种无毒成分通过分子内氢键相互缔合熔融而形成,一种具有氢键受体的特性(主要有季铵盐、四烷基铵或磷盐),另一种具有氢键供体的性质(主要有酸、醇、胺和碳水化合物)。由于分子内氢键的形成,DES 的熔点比其任何一种组分低得多,具有一些显著的化学特性,如蒸汽压低、液体范围较宽、不易燃和与水不反应性。此外,DES 易于制备,不需要纯化步骤,由低成本化合物制成,毒性低或可忽略,而且可生物降解,易于回收。这些特点使 DES 比传统溶剂在萃取过程中的应用更为优越。但是,DES 与传统溶剂相比黏度高,传质较慢,是其在提取领域应用的主要阻碍之一。在目前的研究中,添加水降低 DES 黏度是最常用的方法。与 DES 具有相似的性质,用细胞代谢产生的天然成分制备而成的溶剂,称为天然深共熔溶剂(NADES)。

DES 和 NADES 是环保的有机化合物,而且成本低廉,易于在实验室制备。

DES 的制备方法简单,只需将一定摩尔比的氢键供体和氢键受体混合,并于一定温度下加热搅拌,直至形成均一的液体,无须纯化就可获得纯度较高的产品。作为一种新型的绿色溶剂,DES 的合成、理化性质以及在天然活性成分的分离提取中已被广泛研究。DES 作为溶剂在萃取过程中影响提取效果的因素主要有:DES 性质(如 DES 的组成成分及摩尔比、黏度、密度、相容性和极性)、提取温度、提取时间、样品与 DES 提取剂的比例和提取方法。以 DES 作为提取溶剂的提取方法有:加热萃取、搅拌萃取、微波辅助萃取、超声波辅助萃取、液相微萃取(LPME)、固相微萃取(SPME)、负压空化提取(NPCE)等,或者将几种方法联用进行提取。

其中,液相微萃取法是传统的液-液萃取方法的有效替代,具有提取成分浓度高(高度浓缩)、有机溶剂消耗量少、要求的样品量少等许多优点,是一种环境友好的技术。在过去的几年中,许多 LPME 方法已经被开发出来,如顶空液相微萃取(HS-SME)、中空纤维液体微萃取(HF-LPME)和分散液-液微萃取(DLLME)。以 DES 或 NADES 为萃取溶剂的这些 LPME 技术已用于从食品和水基质中提取一些具有极性的、挥发性和非挥发性的化合物。Tang 等将 HS-SME 用于提取扁柏中萜类化合物,在 100 ℃加热和 70 W 超声波辅助下,仅用 2 μL DES 液滴(氯化胆碱和乙二醇的摩尔比为 1:4)就足以吸附挥发性的目标化合物。Gu 等采用类似的 HS-SME 方法,使用氯化胆碱和乙二醇(摩尔比为 1:3)作为 DES,从原油中提取酚类化合物,不仅减少了提取时间,还提高了提取率。Cvjet-ko Bubalo 等用基于氯化胆碱的 DES 溶剂(以草酸含 25% 水作为氢键供体),超声波辅助微波提取葡萄皮中的酚类化合物,其提取效率高于微波辅助萃取或常规提取方法。Qi 等用 DES 联合负压空化提取(NPCE)技术成功地从木贼属植物中提取出黄酮类化合物,相比其他提取方式,条件温和、能耗低、设备简单廉价,可大规模生产。

在现代的植物多酚提取分离中,通常将两种或两种以上的处理方法或提取技术联合起来进行提取分离,弥补了传统溶剂萃取存在的不足,提高了植物多酚的提取率,缩短了提取时间,降低了成本,并且使一些热敏性植物成分的活性得到最大限度的保留,取得了很好的效果。

1.2.3 植物多酚的生理功能

1. 抗氧化活性

植物多酚对人体健康的重要性归因于其具有较强的抗氧化活性,其生理功能与其抗氧化活性有直接的关系。细胞可以从内源和外源产生活性氧(ROS)和活性氮(RNS)自由基。这类自由基含量较低或适中时具有细胞信号转导和防御病菌等生理功能,然而,如果这类自由基的产生和清除不平衡,过量的 ROS 和 RNS 会引起细胞内碳水化合物、蛋白质、脂类、DNA 和 RNA 的降解,导致细胞死亡和组织氧化损伤。很多疾病都是由 ROS 和 RNS 的氧化应激诱发的,如神经退行性疾病、心血管疾病、糖尿病、癌症等。

为了维持自由基产生和清除的微妙平衡,并防止其在体内积累,生物系统具有一套抗氧化防御体系,包括内源性抗氧化剂[酶类,如超氧化物歧化酶(SOD)、过氧化氢酶(CAT)、谷胱甘肽过氧化物酶(GPx)、谷胱甘肽 S-转移酶 GST;非酶类,如谷胱甘肽(GSH)、硫辛酸(LA)、N-乙酰基半胱氨酸 NAC、尿酸],金属结合蛋白(如白蛋白、转铁蛋白和铁蛋白)和膳食来源的抗氧化剂(如植物多酚、维生素 C、维生素 E 和类胡萝卜素)。其中,植物多酚的抗氧化能力强,饮食来源丰富,近年来,它们对人体健康的影响一直受到学者、营养师和食品企业的关注。大量的流行病学数据以及体内和体外研究表明,摄入水果、蔬菜、葡萄酒、饮料和茶能够有效预防心血管、神经退行性疾病和癌症等各种氧化应激相关的疾病,这与其所含多酚类物质的抗氧化活性有关。研究表明,绿原酸具有与维生素 E 相似的抗氧化活性;鞣花酸具有比维生素 E 更强的抗氧化活性;姜黄素能够抑制脂质过氧化,清除超氧阴离子和羟基自由基;羟基酪醇的抗氧化活性能够保护胰腺细胞免受损伤和死亡。

植物多酚的抗氧化作用与其具有螯合金属离子、清除自由基和提供氢原子或质子的特性有关,其抗氧化能力取决于化学结构中羟基的数量和位置以及芳香环上的取代基。在氧化过程中,产生的脂质过氧化产物($\cdot OOR$、$\cdot OR$)、氧自由基($O^{2-}\cdot$)以及羟基自由基($\cdot OH$)等氧化产物,能够被多酚提供的氢原子或质子结合,生成较为稳定的惰性化合物或自由基,从而终止自由基的链式反应,起到抗氧化的作用。此外,多酚类物质能与过渡金属(Fe、Co、Cu 等)离子螯合,抑制芬顿反应(Fenton),减弱氧化还原反应,从而阻止脂质过氧化,达到抑制氧化的作用。

植物多酚的抗氧化能力可以用其清除自由基和螯合金属离子的能力来衡量。

由于某些合成抗氧化剂(丁基羟基茴香醚 BHA、2,6-二叔丁基-4-甲基苯酚 BHT、没食子酸丙酯 PG 等)的潜在毒性,人们正在研究并利用植物多酚作为天然的抗氧化剂。植物多酚作为抗氧化剂在食品行业中有着十分广阔的应用前景。

2. 抗糖尿病作用

糖尿病是由于胰岛素分泌或作用缺陷而使血糖升高,长期的高血糖症状可导致心血管疾病、视网膜病变和神经疾病。根据 2013 年在 219 个国家的调查,在 20～79 岁的人群中,有 3.82 亿人患有糖尿病,据估计,到 2035 年,这一数字将达到 5.92 亿。研究表明,氧化应激所导致的高血糖症与 1 型和 2 型糖尿病的发生存在密切的一致性关系。许多研究表明,植物多酚可用于预防和治疗某些疾病如糖尿病。

植物多酚对糖尿病的作用有不同的方式。白藜芦醇能够降低血糖、保护细胞免受损伤,并促进葡萄糖摄取和胰岛素的分泌,口服白藜芦醇可预防糖尿病状态下糖基化反应引起的氧化损伤;姜黄素(curcumin)可降低糖尿病患者的胰岛素抵抗,减少糖尿病晚期糖基化终产物(AGE)引发的并发症;绿原酸(chlorogenic acid)通过抑制 α-葡萄糖苷酶活性降低餐后血糖水平,抑制葡萄糖-6-磷酸酶,从而阻止糖酵解和糖异生,同时,它也是一种胰岛素增敏剂,能够增强胰岛素的作用;羟基酪醇(hydroxytyrosol)通过调节钙通道,促进胰岛素分泌;鞣花酸(ellagic acid)降血糖作用的机制可能是通过促进 β-细胞分泌胰岛素或增强血糖向外周组织的转运。

3. 其他功能

关于植物多酚生理功能方面的研究已经十分广泛和深入,它除了具有抗氧化和预防糖尿病功能之外,还具有抗肿瘤、抗炎、保护 DNA 损伤、抗菌、保护 CCl_4 肝损伤等生理功能。

1.3　主要研究内容

1. 海菜花营养成分分析

测定海菜花各部位(花苞、花梗和叶子)的水分、粗脂肪、粗蛋白、蛋白质的氨基酸组成,总糖、还原糖、单糖组成,果胶的结构及特性、脂肪酸组成,维生素 B_2、维生素 C、维生素 E 以及矿物质(Ca、Fe、Zn、Mn、Cu、K 和 Mg)的含量。

2. 海菜花多酚组成分析

采用超声波辅助溶剂提取法提取海菜花不同部位多酚,并采用大孔吸附树脂进行纯化;采用液质联用(HPLC-PDA-ESI-TOF-MS)技术对多酚提取物酚类化合物的组成进行鉴定及定量分析。

3. 海菜花多酚生物活性的研究

通过测定海菜花多酚提取物的抗氧化活性、对 DNA 氧化损伤的保护作用和对消化酶的抑制活性及抑制动力学,初步研究海菜花多酚的生物活性。

1.4　技术路线

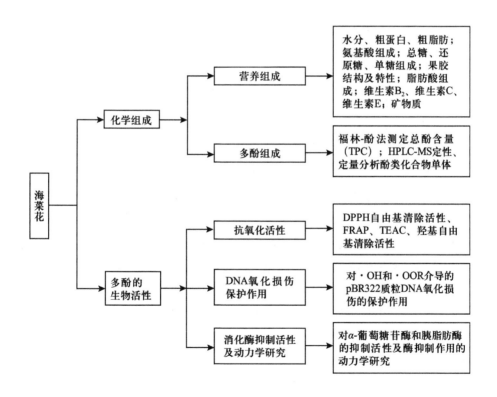

第2章　海菜花营养组成分析

2.1　引　言

　　营养素是机体为维持生长、发育、繁殖、生存等一切生命活动和过程,从外界环境中摄取的物质。来自食物的营养素种类繁多,人类所需50多种,根据其化学性质和生理作用分为六大类,即水、蛋白质、脂类、碳水化合物、矿物质和维生素。根据人体对各种营养素的需要量或体内含量多少,可将营养素分为宏量营养素和微量营养素。每种营养素都有其特殊的生理功能,缺乏会导致相应的疾病。

　　海菜花是我国云贵高原及西南邻区特有的水生植物,主要分布在云南、广西和贵州。据文献记载,云南大理地区对海菜花的食用有着悠久的历史,早在清代物质资源极其匮乏的年代,海菜花是大理当地人主要的食物来源之一。其后,海菜花的叶子、花梗和花朵被当作美味的蔬菜食用,一直延续至今,作为云南地区人们全年食用的一种高原特色蔬菜。目前,海菜化在大理的种植面积为200多 hm^2,年产量为22 500 ~30 000 kg/hm^2。目前,对海菜花的研究主要集中在其分类、遗传多样性、生物学特性等方面,对其营养组成的报道较少。

　　本章对海菜花花苞、花梗和叶子的营养组成,包括水分、粗脂肪、粗蛋白、粗纤维,总糖、还原糖、单糖组成,果胶的组成,果胶的结构及特性,蛋白质氨基酸组成,脂肪酸,维生素 B_2、维生素 C、维生素 E,矿物质(Ca、Mg、Zn、Cu、Fe、Mn、K)进行全面的分析,以期为海菜花的合理食用及天然食品添加剂(乳化剂)的开发提供理论依据。

2.2　材料、试剂及设备

2.2.1　材料

海菜花原变种($O. acuminata$ var. $acuminata$)幼苗于 2017 年 3 月 1 日在云南省大理州洱源县邓川镇(纬度:100°05′N;经度:25°59′E;海拔:1 970～3 400 m)深水田中移栽,在海菜花花期时段(2017 年 5 月 5 日)采集作为试验样品。将采集的整株植物分成花苞、花梗和叶子三部分,进行除杂、清洗、真空冷冻干燥,然后粉碎过 60 目筛,密封保存于−4 ℃冰箱备用。

2.2.2　主要试剂

3,5-二硝基水杨酸:北京索莱宝科技有限公司

维生素 B_2 标准品(纯度≥98%):上海阿拉丁生化科技股份有限公司

$α$-生育酚、$β$-生育酚、$γ$-生育酚、$δ$-生育酚标准品:美国 Sigma-Aldrich 公司

维生素 C 标准品:北京百灵威科技有限公司

优级纯硝酸:四川西陇化工股份有限公司

Supelco 脂肪酸甲酯标准品:美国 Sigma-Aldrich 公司

氨基酸标准品:日本和光纯药工业株式会社

葡萄糖、果糖、蔗糖标准品:北京坛墨质检科技有限公司

钙、铁、锌、锰、铜、钾、镁元素标准液:国家有色金属及电子材料分析测试中心

聚乙二醇标准品:英国马尔文公司

2.2.3　主要仪器与设备

DFY-600 摇摆式高速万能粉碎机:温岭市林大机械有限公司

GZX-9140 数显鼓风干燥箱:上海博迅医疗生物仪器股份有限公司医疗设备厂

TGL-16M 高速台式冷冻离心机:湘仪离心机仪器有限公司

SHZ-DⅢ予华牌循环水真空泵:巩义市予华仪器有限公司

RE-3000 旋转蒸发器：上海亚荣生化仪器厂

BSXT-06-150 索氏提取器：上海比郎仪器制造有限公司

SKD-200 自动凯氏定氮仪：上海沛欧分析仪器有限公司

L-8900 全自动氨基酸分析仪：日本 Hitachi 公司

722N 可见分光光度计：上海菁华科技仪器有限公司

安捷伦 1260 高效液相色谱仪：美国 Agilent 公司

安捷伦 1100 高效液相色谱仪：美国 Agilent 公司

安捷伦 7890B-5977 气质联用仪：美国 Agilent 公司

AA-6200 火焰原子吸收分光光度计：日本岛津公司

RJM-28-10 马弗炉：湖南长沙市华光电炉厂

DK-98-Ⅱ电炉：天津市泰斯特仪器有限公司

JA3003 电子天平：上海舜宇恒平科学仪器有限公司

Scientz-ND 型系列真空冷冻干燥机：宁波新芝生物科技股份有限公司

HP-5ms column(30 m×250 μm×0.25 μm)：美国 Agilent 公司

岛津 LC-20AD 液相色谱仪配蒸发光散射检测器(ELSD-LT)：日本岛津公司

Waters(C) Prevail Carbohydrate ES(250 mm×4.6 mm×5 μm)色谱柱：美国奥泰克科技有限公司

Agilent C18(250 mm×4.6 mm×5 μm)色谱柱：美国 Agilent 公司

Agilent C18(250 mm×4.6 mm×3.5 μm)色谱柱：美国 Agilent 公司

Viscotek TDA305max 凝胶渗透色谱仪：英国马尔文仪器有限公司

Nicolet iS10 傅立叶变换红外光谱仪：美国赛默飞世尔科技公司

Q600SDT 热重分析仪：美国 TA 公司

Nano-ZS 90 Zeta 电位分析仪：英国马尔文仪器有限公司

核磁共振光谱仪（800 MHz NMR）：德国布鲁克公司

Dimension ICON 原子力显微镜：德国布鲁克公司

旋转黏度计(NDJ-8S)：上海昌吉地质仪器有限公司

TCS SP8 共焦激光扫描显微镜：德国徕卡公司

2.3　试验方法

2.3.1　水分、粗脂肪和粗蛋白的测定

水分含量按照 GB 5009.3—2016《食品安全国家标准　食品中水分的测定》的方法,将新鲜的海菜花花苞、花梗和叶子分别在 105 ℃烘干至恒重,计算水分含量;粗脂肪含量按照 GB 5009.6—2016《食品安全国家标准　食品中脂肪的测定》方法,采用索氏提取法进行测定;粗蛋白含量按照 GB 5009.5—2016《食品安全国家标准　食品中蛋白质的测定》方法,采用凯氏定氮法(N×6.25)进行测定;水分含量结果以每 100 g 鲜重样品中所含的水分质量(g)来表示(g/100 g),粗脂肪和粗蛋白含量结果以每 100 g 干重样品中所含的粗脂肪和粗蛋白质量(g)来表示(g/100 g)。

2.3.2　粗纤维、还原糖、总糖和单糖的测定

1. 粗纤维的测定

海菜花不同部位粗纤维含量参照 GB/T 5009.10—2003《植物类食品中粗纤维的测定》方法进行测定。结果以每 100 g 干重样品中所含粗纤维质量(g)来表示(g/100 g)。

2. 还原糖和总糖的测定

采用 3,5-二硝基水杨酸(DNS)法,通过分光光度计测定花苞、花梗和叶子中总糖和还原糖的含量。具体操作如下。

葡萄糖标准曲线的制作:分别吸取 1 mg/mL 葡萄糖标准溶液 0、0.2 mL、0.4 mL、0.6 mL、0.8 mL、1.0 mL、1.2 mL 于 7 支 25 mL 具塞试管中,依次加入 2.0 mL、1.8 mL、1.6 mL、1.4 mL、1.2 mL、1.0 mL、0.8 mL 超纯水和 1.5 mL DNS 溶液,混匀,沸水浴 5 min,立即用冷水冷却至室温,超纯水定容至 25 mL,于 540 nm 波长处测定吸光度值。以吸光度值为纵坐标,葡萄糖含量(mg)为横坐标绘制标准曲线,得到线性回归方程:$y=0.569\ 1x-0.031\ 7(R^2=0.999\ 1)$,线性范围为 0～1.2 mg。

还原糖的提取:称取 0.2 g 样品放入 100 mL 小烧杯中,用少量蒸馏水调成糊状,加入 40 mL 蒸馏水,混匀,50 ℃水浴 20 min,不时搅拌,过滤至 50 mL 容量瓶中,蒸馏水定容,即还原糖提取液。

总糖的提取:称取 0.2 g 样品置于 250 mL 锥形瓶中,加入 6 mol/L HCl 10 mL、蒸馏水 15 mL,沸水浴 0.5 h,取出 1～2 滴置于白板上,加入 1 滴 I-KI 溶液不呈现蓝色即水解完全,冷却至室温加入 1 滴酚酞试剂,以 6 mol/L NaOH 溶液中和至溶液呈微红色(约 10 mL),过滤至 50 mL 容量瓶中定容,混匀,用于总糖测定。

测定:吸取还原糖提取液 2.0 mL 于试管,加 DNS 1.5 mL;吸取总糖提取液 1.0 mL 于试管,加 DNS 1.5 mL、蒸馏水 1.0 mL;空白管加 DNS 1.5 mL、蒸馏水 2.0 mL。将各管溶液混匀,沸水浴 5 min,立即用冷水冷却至室温,定容至 25 mL,在分光光度计上(波长 540 nm)测吸光度值,将吸光度值代入线性方程计算出糖含量。

3. 单糖的测定

按照 GB 5009.8—2016《食品安全国家标准　食品中果糖、葡萄糖、蔗糖、麦芽糖、乳糖的测定》的方法进行测定。精密称取 5.0 g 样品置于 100 mL 锥形瓶中,加水约 50 mL 溶解,缓慢加入乙酸锌溶液和亚铁氰化钾溶液各 5 mL,然后转移至 100 mL 容量瓶中并加水定容至刻度,超声波处理 30 min 后,滤纸过滤,弃去初滤液,后续滤液用 0.45 μm 微孔滤膜过滤至样品瓶,供液相色谱分析。

液相条件:流动相为乙腈/水(85∶15,V/V),流速 1.0 mL/min,进样量 20 μL,柱温 40 ℃。以葡萄糖、果糖、蔗糖建立标准曲线。海菜花中各单糖的含量结果以每 100 g 干重样品中所含的各单糖质量(g)来表示(g/100 g)。

2.3.3　果胶多糖分析

2.3.3.1　果胶的提取及组成分析

1. 果胶的提取

海菜花果胶的提取方法参照 Yang 等的方法进行。溶剂为 1%(g/mL)柠檬酸,料液比为 1∶30(g∶mL)。提取温度和时间分别为 65 ℃和 2 h。真空过滤后,滤液与 2 倍体积的无水乙醇混合,混合液在 4 ℃下放置 2 h 以沉淀果胶。然后使用离心机离心获得海菜花果胶沉淀物。随后，果胶沉淀物用 70％乙醇洗涤 3 次，接着用 80％乙醇洗涤，最后用 90％乙醇洗涤。最终，将果胶沉淀物进行冷冻干燥。海菜花果胶提取得率采用以下公式进行计算：果胶得率(g/100 g)＝提取所得果胶质量(g)/烘干海菜花质量(g)×100。

2. 果胶水分、灰分和蛋白质含量分析

海菜花果胶水分含量采用 105 ℃加热干燥法进行测定。将果胶样品在(550±10) ℃的马弗炉中燃烧至恒重，以测定灰分含量。以牛血清白蛋白为标准物质，采用考马斯亮蓝技术测定蛋白质含量。每个测试重复 3 次。

2.3.3.2　果胶结构特性表征

1. 果胶酯化度(DE)、单糖组成和糖醛酸分析

根据 Yang 等的方法，采用氢氧化钠滴定法测定海菜花果胶的酯化度。根据 Ma 等的方法，采用高效液相色谱法(安捷伦 1100，加利福尼亚，美国)测定单糖组成。测定方法简述为：将大约 10 mg 海菜花果胶用 5 mL 2 mol/L 的三氟乙酸在 110 ℃温度下水解 6 h，再加入甲醇并用氮气吹干以除去三氟乙酸，然后将残余物溶解在 1 mL 0.3 mol/L 的氢氧化钠溶液中，随后，将 400 μL 标准品单糖混合物或水解物样品溶液与 400 μL 0.5 mol/L 1-苯基-3-甲基-5-吡唑啉酮(PMP) 溶液混合，将混合液在 70 ℃ 水浴中保温 2 h 并冷却至室温，然后用 0.3 mol/L HCl 中和。最终的溶液用氯仿萃取，水相用 0.45 μm 微孔膜过滤，用于高效液相色谱进样分析。

2. 果胶分子量(MW)测定

采用配备多角度激光散射(MALLS) 检测器的 Viscotek TDA305max 凝胶渗透色谱系统 (GPC，马尔文，英国)进行海菜花果胶分子量的分析。果胶溶液的浓度为 1.0 mg/mL，流速为 0.7 mL/min。进样量 100 μL，柱箱温度 45 ℃。使用含有 20 mg/100 mL 叠氮化钠的亚硝酸钠 (0.1 mol/L) 作为流动相。聚乙二醇(PEO，马尔文，英国) 用作标准品。

3. 果胶红外光谱(FTIR)分析

傅立叶变换红外光谱仪(Nicolet iS10 FTIR，赛默飞世尔，美国)用于分析红外光谱。海菜花果胶粉末在 50 ℃下干燥 3 h 以去除水分，然后与溴化钾进行充

分混合,制备质量比为 200:1 的溴化钾-果胶片剂。红外光谱仪扫描分辨率为 $4\ cm^{-1}$,扫描波段在 $4\ 000\sim500\ cm^{-1}$,扫描 16 次,对其光谱波形出峰情况进行观察、记录。仪器软件(OMNIC 9.8.372)用于光谱的基线校正。

4. 果胶 X 射线衍射(XRD)的测定

首先,制备果胶干粉;其次,果胶的 X 射线衍射数据用 D8 Advance Powder X 射线衍射仪(布鲁克,德国)进行测定。测定温度为 25 ℃,从 $2\theta=10°$ 上升到 $60°$,增量为 $0.02°$。另外,每一步之间的时间间隔为 0.5 s。

5. 果胶热重(TG/DTG)分析

果胶的热重测定采用 Q600SDT 热重分析仪(TA 仪器,美国)进行,温度为 $25\sim600$ ℃,增量为每分钟 10 ℃。

6. 果胶 ζ 电位测定

以 0.5 mol/L 盐酸和 0.1 mol/L 氢氧化钠溶液为调节剂,分别制备浓度为 50 mg/100 mL 不同 pH 的果胶水溶液,果胶溶液的 pH 分别为 2.0、4.0、6.0、8.0 和 10.0。然后用 Nano-ZS 90 Zeta 电位分析仪(马尔文,英国)在室温下测定不同 pH 果胶溶液的 ζ 电位。

7. 果胶核磁共振(NMR)光谱分析

使用核磁共振光谱仪(800 MHz NMR,布鲁克,德国)分析海菜花果胶的 ^1H 和 ^{13}C NMR 谱。在分析之前,将约 20 mg 海菜花果胶与 1 mL D_2O(99.9% D)混合,随后,记录 ^1H 和 ^{13}C NMR 谱。同时进行 TOCSY 实验。

8. 果胶分子形态观察

首先制备 pH 在 $2.0\sim10.0$ 范围内 1 mg/100 mL 的果胶水溶液,然后将 0.1 mL 的果胶溶液滴在刚剥离的云母芯片上。室温干燥后,使用 Dimension Icon 原子力显微镜(AFM,布鲁克,德国)进行分子形态观察。以轻敲模式扫描图像。力常数和共振频率分别设置为 12 N/m 和 127 kHz。

9. 果胶黏流活化能分析

用 0.1 mol/L 的氯化钠溶液分别制备下列不同浓度的海菜花果胶溶液:2.5 mg/mL、5 mg/mL、10 mg/mL、15 mg/mL 和 20 mg/mL。不同浓度的海菜花果胶溶液在不同温度(20~60 ℃)下的黏度使用 NDJ-8S 旋转黏度计(中国上海)进行测定。Arrhenous 方程用于测定果胶的黏流活化能:

$$\eta = \eta_\circ \exp\left(\frac{Q}{RT}\right)$$

式中,η 是果胶的黏度（Pa・s）,$\eta_\circ$ 是指数前因子（Pa・s）,R 是通用气体常数 [8.314 J/(mol・K)],Q 是活化能（kJ/mol）,T 是绝对温度（K）。Arrhenous 方程中的 Q 值通过绘制 $\ln\eta$ 与 $1/RT$ 的关系来确定。结果以 3 次实验的平均值表示。

2.3.3.3　果胶乳液的乳化特性分析

1. 果胶乳液的制备

首先制备一系列不同浓度、不同 pH、不同 Ca^{2+}、不同 Na^+ 浓度的果胶溶液,包括:不同浓度（0.5 g/100 mL、1.0 g/100 mL、1.5 g/100 mL 和 2.0 g/100 mL）的果胶溶液、1.0 g/100 mL 不同 pH（2.0、4.0、6.0、8.0 和 10.0）的果胶水溶液、含不同 Ca^{2+} 浓度（20 mg/g、40 mg/g、60 mg/g、80 mg/g 和 100 mg/g）和不同 Na^+ 浓度（40 mg/g、80 mg/g、120 mg/g、160 mg/g 和 200 mg/g）的 1.0 g/100 mL 果胶水溶液。然后将上述每种果胶溶液分别与相同体积的大豆油混合,再使用 FJ-300S 转子均质机（中国上海）以 20 000 r/min 的速度将上述溶液均质 2 min 进行充分混匀,制备果胶乳液。

2. 果胶乳液 ζ 电位和粒度测定

基于上述制备好的果胶乳液,应用 Malvern Nano-ZS 90 Zeta 电位分析仪（马尔文,英国）按照上述 2.3.3.2 中（6）ζ 电位的测定方法测定乳液的 ζ 电位。采用 LS13320 激光粒度分析仪（Beckman,美国）测定乳液的粒度。使用稀释 100 倍的新鲜乳液进行测定。

3. 果胶乳液的乳化性能

乳液的乳化能力（EC）和乳化稳定性（ES）的测定参考 Yang 等的方法进行。应用以下公式计算乳液的乳化能力:EC(%)=100×(ELv/Wv),其中 Wv 是新制备乳液的初始体积（mL）,ELv 是乳液经过 6 000 转离心 10 min 后的乳化层体积（mL）。使用以下公式计算乳液的乳化稳定性:ES(%)=100×(ELr/Wv),其中 Wv 是新制备乳液的初始体积（mL）,ELr 是新制备乳液在 3 000 转离心 10 min 后在 80 ℃下保持 1 h 获得的乳化层的体积（mL）。

4. 果胶乳液的微观结构观察

将荧光模型中的 TCS SP8 共焦激光扫描显微镜（CLSM，徕卡，德国）应用于乳液微观结构的观察。溶于 1,2-丙二醇（100 mg/100 mL）中的 40 μL 尼罗红溶液与新制备的乳液（总体积 8 mL）充分混合。将 50 μL 混合物铺在载玻片上，然后小心地盖上盖玻片。指甲油用于密封盖玻片。最后进行显微组织观察。

2.3.4　蛋白质的氨基酸组成分析

采用等电点沉淀法提取海菜花花苞、花梗和叶子中的蛋白质。具体方法为：精密称取 5.0 g 样品于 250 mL 锥形瓶中，加入 100 mL Na 溶液（pH：10 ~11），水浴振荡 10 h，离心，弃渣留上清液，上清液中滴加 HCl 溶液至白色絮状物沉淀析出，离心，弃上清液留沉淀，将沉淀移入培养皿中，少许蒸馏水洗涤离心管倒入培养皿中，冷冻干燥 12 h，得到蛋白质提取物粉末。

氨基酸组成分析按照 GB 5009.124—2016《食品安全国家标准　食品中氨基酸的测定》方法进行。主要操作程序为：称取适量的蛋白质粉末放入水解管，加入一定体积的 6 mol/L 盐酸溶液，放入冷冻剂中冷冻、真空泵抽真空，然后充入氮气、封口。将封口的水解管在（110±1）℃水解 22 h 后冷却至室温，取一定量的水解液在 40 ℃真空旋转蒸干，然后用 0.2 mol/L 醋酸盐缓冲液（pH 2.2）溶解，并定容至 10 mL，用 0.22 μm 滤膜过滤后转移至进样瓶，用 L-8900 全自动氨基酸分析仪（茚三酮柱后衍生离子交换色谱仪）进行测定。色谱柱为钠离子交换柱（8 μm，200 mm×4.6 mm），进样体积 20 μL，运行时间 30 min，除脯氨酸在 440 nm 检测外，其余氨基酸均在 570 nm 检测。氨基酸含量根据各标准品的线性回归方程进行计算，分析结果以每克蛋白质中含有的氨基酸毫克数来表示（mg/g）。

2.3.5　脂肪酸组成分析

按照 GB 5009.168—2016《食品安全国家标准　食品中脂肪酸的测定》的方法，经盐酸水解样品、乙醚石油醚混合液提取样品脂肪后，在碱性条件下皂化和甲酯化处理，生成脂肪酸甲酯，经毛细管柱气相色谱分析，外标法定量测定脂肪酸的含量。具体操作如下。

1. 试样的水解

精密称取 1.0 g 样品于 250 mL 平底烧瓶内,加入约 100 mg 焦性没食子酸,加入几粒沸石,再加 2 mL 95% 乙醇,混匀,加入 10 mL 盐酸于 70~80 ℃水解 40 min。

2. 脂肪的提取

水解完成后,加入 10 mL 95% 乙醇,混匀,50 mL 乙醚-石油醚提取粗脂肪 3 次,收集提取液,旋转蒸发除去溶剂,得脂肪提取物。

3. 脂肪的皂化和脂肪酸的甲酯化

将脂肪提取物转移至 100 mL 烧瓶中,加入 4 mL 0.5 mol/L NaOH-CH₃OH 溶液,将冷凝管固定于烧瓶上,70 ℃水浴回流 30 min,至油滴消失,从冷凝管上部加入 5 mL 14% BF₃-CH₃OH 溶液,继续煮沸 5 min,经冷凝管上部加入 4 mL 异辛烷,停止加热,移去冷凝管,立即加入 20 mL 饱和 NaCl 溶液,振摇约 20 s,继续加入饱和 NaCl 溶液至烧瓶颈部。吸取上层异辛烷溶液于试管中,稀释定容,加入适量无水硫酸钠脱水,取一定量注入气相色谱-质谱联用仪测定。

4. GC-MS 测定条件

进样量:1 μL。进样口温度:250 ℃,不分流。载气:氦气。柱流量:1.2 mL/min,恒流模式。升温程序:60 ℃,保持 3 min;10 ℃/min,升至 230 ℃,保持 1 min;5 ℃/min,升至 280 ℃,保持 15 min。检测器:MDS。电子能量:70 ev。传输线温度:280 ℃。四级杆温度:150 ℃。离子源温度:230 ℃。

5. 结果计算

通过与标准品比较保留时间和质谱数据鉴定样品中的脂肪酸甲酯。将峰面积代入标准品的标准曲线,计算其含量。海菜花中脂肪酸含量结果以每克干样品中所含脂肪酸的质量(μg)来表示(μg/g)。

2.3.6　维生素 B₂、维生素 C、维生素 E 的测定

维生素 B₂ 按照 GB 5009.85—2016《食品安全国家标准　食品中维生素 B₂ 的测定》方法,用稀盐酸恒温水解样品,调 pH 至 6.0~6.5,用木瓜蛋白酶和淀粉酶酶解,定容过滤后,滤液经反相色谱柱分离,高效液相色谱荧光检测器检测,外标法定量。

维生素 C 按照 GB 5009.86—2016《食品安全国家标准　食品中抗坏血酸的

测定》方法,样品中的维生素 C 用偏磷酸溶解超声提取后,以磷酸盐、甲醇为流动相,经反相色谱柱分离,用配有紫外检测器的高效液相色谱仪(波长 245 nm)进行测定,用外标法定量分析。

维生素 E(α-生育酚、β-生育酚、γ-生育酚、δ-生育酚)按照 GB 5009.82—2016《食品安全国家标准 食品中维生素 A、维生素 D、维生素 E 的测定》方法,将样品进行皂化、提取、净化、浓缩后,反相液相色谱柱分离,紫外检测器检测,外标法定量分析。

维生素 B$_2$、维生素 C 和维生素 E 线性方程、相关系数(R^2)及线性范围见表2-1。海菜花不同部位中各种维生素含量测定结果以每克样品中所含的维生素微克数表示(μg/g)。

表 2-1   维生素 B$_2$、维生素 C 和维生素 E 线性方程、相关系数(R^2)及线性范围

维生素	线性方程	R^2	线性范围/(μg/mL)
维生素 B$_2$	$y=3\,962.8x+77.74$	0.999	0.05~1
维生素 C	$y=86.12x-30.61$	0.999	0~50
α-生育酚	$y=222.7x-417.59$	0.993	2~80
β-生育酚	$y=388.9x-113.51$	1.000	2~100
γ-生育酚	$y=419.43x-422.3$	0.996	2~60
δ-生育酚	$y=827.93x-476.3$	0.995	2~60

2.3.7   主要矿物质元素的测定

采用干灰化法对海菜花不同部位样品进行灰化。分别称取 0.5 g 粉末样品于瓷坩埚中,首先在电炉上碳化至无烟,然后放置于马弗炉[(500±50) ℃]中灰化 6 h。待灰化结束后,用 10%硝酸将灰分溶解并定容至 10 mL,过滤,滤液采用火焰原子吸收分光光度法测定 Ca、Mg、Zn、Cu、Fe、Mn、K 的含量。各矿物质元素线性方程、相关系数(R^2)及线性范围见表 2-2。海菜花不同部位矿物质含量测定结果以每 100 g 样品中所含的矿物质质量(mg)表示(mg/100 g)。

表 2-2　各矿物质元素线性方程、相关系数(R^2)及线性范围

矿物质	线性方程	R^2	线性范围/(μg/mL)
Ca	$y=0.061\,2x-0.001\,0$	0.997 5	0～0.5
Fe	$y=0.004\,1x+0.000\,3$	0.999 3	0～0.5
Zn	$y=0.102\,2x+0.009\,8$	0.997 6	0～0.5
K	$y=0.066\,1x-0.003\,5$	0.999 5	0～0.5
Mg	$y=0.599\,7x+0.065\,5$	0.999 3	0～0.5
Mn	$y=0.045\,2x-0.001\,4$	0.999 7	0～0.5
Cu	$y=0.032\,4x+0.001\,6$	0.999 5	0～0.5

2.3.8　数据处理

试验数据的处理、显著性检验采用 SPSS 17.0 统计软件进行,试验结果用平均值±标准差($\overline{X}$±SD)表示。

2.4　结果与分析

2.4.1　海菜花水分、粗纤维、还原糖、总糖及单糖分析

海菜花花苞、花梗和叶子中水分、粗纤维、还原糖、总糖和单糖含量的测定结果见表 2-3。可以看出,海菜花的水分含量为 91.94～95.46 g/100 g,其中,花梗的含水量最高,叶子的最低($P<0.05$)。

表 2-3　海菜花水分、粗纤维、还原糖、总糖和单糖含量　　　　　　　　　g/100 g

海菜花组分	花苞	花梗	叶子
水分	93.98±0.27 b	95.46±0.67 b	91.94±0.74 a
粗纤维	12.88±0.97 b	13.33±1.01 b	10.16±0.42 a
还原糖	7.37±0.05 c	5.12±0.51 b	3.66±0.07 a

续表 2-3

海菜花组分	花苞	花梗	叶子
总糖	19.89±0.27 c	9.91±0.62 a	11.41±0.24 b
葡萄糖	3.58±0.38 b	1.31±0.08 a	2.79±0.78 ab
果糖	7.29±0.64 b	3.99±0.62 a	4.18±0.62 a
蔗糖	未检出	未检出	未检出

注:水分含量以 100 g 鲜重样品中所含的水的质量表示,其余营养素以 100 g 干重样品中所含的营养素质量表示;同一行不同字母表示差异具有统计学意义($P<0.05$)。

海菜花粗纤维含量为 10.16～13.33 g/100 g,与 3 种常见蔬菜比较,略高于白菜 (9.4 g/100 g)和菠菜(12.7 g/100 g),与西兰花(13.2 g/100 g)相当,且花梗的含量最高,其次为花苞,叶子含量最低。花梗具有吸收养分和支撑花苞的作用,其内部有丰富的导管和吸管,是成熟较早的部分,同时其支撑作用需要有坚韧的木质素和纤维素,这些因素导致其粗纤维含量高于花苞和叶子。

海菜花还原糖含量为 3.66～7.37 g/100 g,且花苞含量最高,其次为花梗,叶子含量最低($P<0.05$);总糖含量为 9.91～19.89 g/100 g,且花苞含量最高,其次为叶子,花梗最低($P<0.05$);单糖组成的结果表明,海菜花中主要的单糖为果糖和葡萄糖,含量分别为 3.99～7.29 g/100 g 和 1.31～3.58 g/100 g,且都是花苞含量最高,叶子其次,花梗最低;海菜花花苞、花梗和叶子中都未检出蔗糖。海菜花单糖组成高效液相色谱见图 2-1。碳水化合物为代谢提供能量,在植物体内起着非常重要的作用,它在植物体内的积累由生物代谢的平衡、转运和储藏决定。有文献报道,各种因素比如土壤湿度、干旱、采收期、品种、成熟阶段、光照时间、生长温度、低温应激都会影响糖类物质在植物体内的合成。海菜花不同部位糖含量的差异可能归因于光照时间的不同,花苞漂浮在水面,光照时间长,光合作用充分,因而糖含量较高;另外也可能与花苞开花、结果等生殖活动需要更多能量有关。

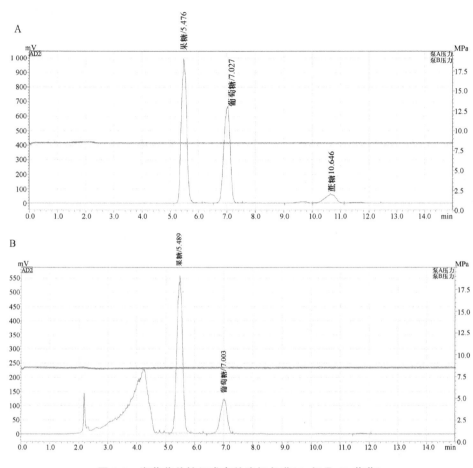

图 2-1　海菜花单糖组成高效液相色谱(A:标品,B:花苞)

2.4.2　海菜花果胶多糖分析

2.4.2.1　海菜花果胶产量及果胶水分、灰分、蛋白质含量分析

测定结果表明,海菜花花苞、花梗和叶子的果胶产量分别为 8.73 g/100 g、7.75 g/100 g、1.6 g/100 g,花苞的果胶得率最高,其次为花梗,叶子的果胶得率最低。选取得率最高的花苞果胶进一步分析其组成、结构及特性。冷冻干燥的海菜花花苞果胶呈白色,其水分含量为 2.39 g/100 g,灰分含量为 0.84 g/100 g,蛋白质含量为 1.83 g/100 g。

2.4.2.2　海菜花果胶结构表征

1. 果胶单糖和糖醛酸组成

实验结果表明,海菜花果胶单糖由甘露糖(1.24%)、鼠李糖(0.25%)、葡萄糖(4.72%)、半乳糖(77.79%)、阿拉伯糖(4.22%)、木糖(7.93%)、氨基半乳糖(1.75%)、半乳糖醛酸(0.92%)和葡萄糖醛酸(1.18%)组成。很明显,半乳糖是海菜花果胶中最丰富的单糖,其次是木糖、葡萄糖和阿拉伯糖。海菜花果胶中还检测到少量的半乳糖醛酸和葡萄糖醛酸。此外,在果胶提取物中还发现了氨基半乳糖,提示果胶与蛋白质分子结合在一起。

半乳糖醛酸与鼠李糖的比例可以近似地代表同型半乳糖醛酸(HG)与鼠李糖半乳糖醛酸(RG-Ⅰ)的比例,从而进一步反映果胶链中同型半乳糖醛酸骨架的比例。实验结果表明,海菜花果胶的 HG 与 RG 比率为 3.68(是一个较低的比值),表明海菜花果胶高度支链化,以长的 RG 区为主。另外,(半乳糖+阿拉伯糖)与鼠李糖的比率反映了中性侧链的含量。(半乳糖+阿拉伯糖)/鼠李糖的比值计算为 329,这表明提取的海菜花果胶可能含有大量的中性糖残基。另据报道,RG-Ⅰ区域的成分半乳糖和阿拉伯糖与果胶多糖的抗癌功能有关。本书中,半乳糖占总单糖含量的 77.79%,这表明海菜花果胶在抗癌方面可能具有巨大潜力。

2. 果胶分子量

海菜花果胶的分子量分布见图 2-2A。分子量的分布与果胶的理化特性密切相关。在图 2-2A 的洗脱曲线中观察到两个峰,一个大约在 7.97 mL 处,另一个大约在 9.88 mL 处。根据软件分析计算(表 2-4),在峰 1 处观察到较大的分子量,重均分子量 M_w 约为 35.84×10^5 Da,数均分子量 M_n 约为 24.76×10^5 Da。而在峰 2 处观察到的分子量 M_w 和 M_n 有所降低,数值分别为 9.12×10^5 Da 和 8.10×10^5 Da。而且,分子量大于 10×10^5 Da 的部分是果胶的最主要的成分(81.39%),其次是分子量在 $(3 \sim 5) \times 10^5$ Da (6.42%)、$(5 \sim 8) \times 10^5$ Da (5.84%)、$(1 \sim 3) \times 10^5$ Da (3.35%)和$(8 \sim 10) \times 10^5$ Da (3.00%)范围内的。分子量的分布表明提取过程导致果胶有部分解聚。峰 1 中的 M_z/M_n 和 M_w/M_n 值大于峰 2,表明峰 1 的摩尔质量分布比峰 2 宽。

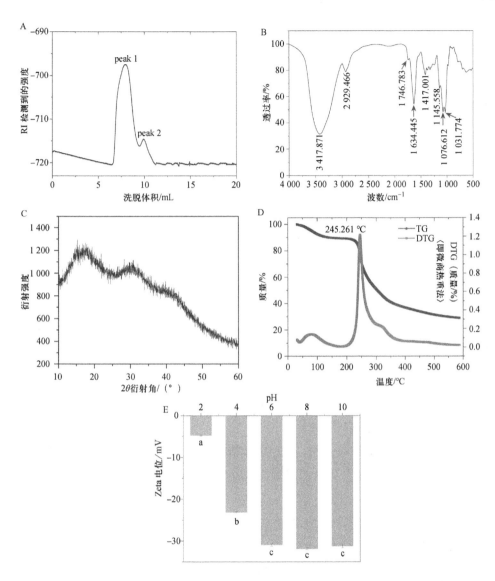

图 2-2　海菜花果胶的分子量分布(A)、红外光谱(B)、XRD 光谱(C)、热重(D)、Zeta 电位(E)

(注:不同的小写字母表示 $P < 0.05$ 时差异具有统计学意义)

表 2-4　海菜花果胶的分子量分布

峰/(10^5 Da)	峰 1	峰 2	峰/(10^5 Da)	峰 1	峰 2
M_n	24.76	8.10	M_z	50.35	10.17
M_w	35.84	9.12	M_p	28.25	9.99

3. 果胶红外光谱 FTIR

海菜花果胶的红外光谱如图 2-2B 所示。在 3 417 cm^{-1} 处出现一个宽而强的峰,表明半乳糖醛酸(GalA)骨架的分子间和分子内氢键产生 O—H 伸缩吸收。2 929 cm^{-1} 处的弱带对应于海菜花果胶分子中的 —CH、—CH$_2$ 和 —CH$_3$ 基团的 C—H 的拉伸和弯曲振动。在 1 746 cm^{-1} 处小的强度峰、在 1 634 cm^{-1} 处的强谱带,分别是酯羰基(C═O)和羧酸根离子基团(COO—)的伸缩振动。1 145 cm^{-1}、1 076 cm^{-1} 和 1 031 cm^{-1} 处的峰归因于糖苷键和吡喃糖环对 C—O 和 C—C 的拉伸,表明海菜花果胶分子中存在吡喃糖环。此外,在红外光谱中发现了 1 416 cm^{-1} 处的峰,这被归因为—OCH$_3$ 基团的拉伸弯曲。1 651 cm^{-1} 和 1 555 cm^{-1} 附近的峰分别代表酰胺Ⅰ和酰胺Ⅱ的蛋白质特征拉伸,但在此红外光谱图中没有观察到——尽管在海菜花果胶提取物中检测到 1.83% 的蛋白质。这种现象可能是海菜花果胶提取物中蛋白质含量相对较低,蛋白质和果胶分子的吸收峰重叠所导致。

此外,根据文献报道,果胶的酯化度值也可以用 1 742 cm^{-1} 处的峰面积与 1 742 cm^{-1} 和 1 634 cm^{-1} 处的峰面积之和的比值来表示。计算结果表明,海菜花果胶的酯化度值为 23.6%,与滴定法测定的结果(24.8%)非常接近。这些研究结果表明海菜花果胶是低甲氧基果胶。

4. 果胶 X 射线衍射(XRD)

X 射线衍射分析结果表明,果胶在 2θ 衍射角为 16.8°和 30.3°处具有两种面包状衍射峰(图 2-2C),分别表示海菜花果胶的一种半结晶或无定形结构。

5. 果胶热重 TG/DTG

热重分析结果表明,海菜花果胶主要重量损失峰值为 245.3 ℃(图 2-2D),高于石榴皮果胶(237 ℃)、假酸浆果胶(239.6 ℃)和商用柑橘果胶(236.91 ℃)。这一结果表明,海菜花果胶具有更好的热稳定性。海菜花果胶的重量减轻可归因于果胶分子在加热期间的降解和热解解聚。

6. 果胶 Zeta 电位(ζ)

ζ电位用于说明海菜花果胶所带电荷的属性。如图 2-2E 所示,当 pH 在 2.0~10.0 范围内时果胶带负电荷。随着 pH 增加,电荷密度也在增加。当 pH 从 2.0 升高到 6.0 时ζ电位从 4.78 mV 急剧上升至 30.93 mV。当 pH 从 6.0 升高到 10.0 时ζ电位无显著变化(P>0.05)。这一结果与从假酸浆籽中提取的低甲氧基果胶(酯化度约为 28%)相似；即其呈现出 ζ 电位随着 pH 的增加而增加,当 pH 从 2.0 增加到 6.0 时,ζ 电位从 −20 mV 增加至 −47 mV；当 pH 为 6.0~8.0 时,ζ 电位相对稳定。果胶分子中羧基的去缔合可以解释这种现象,随着 pH 增加趋向于出现更大的去缔合程度。然而,当 pH 增加到 6.0 时,去缔合程度已经非常高了,因此进一步增加 pH 不会对海菜花果胶的电荷密度产生显著的影响。

　　7. 果胶核磁共振波谱(NMR)

　　海菜花果胶的核磁共振[1]H 谱、[13]C 谱和 TOCSY 光谱分别见图 2-3A、B 和 C。[1]H 核磁共振谱图显示了糖质子和羟基的信号出现在 δ 4.39 ppm 和 δ 3.45 ppm 之间。信号出现在 δ 1.08(t,J=7.1 Hz)ppm 归因于终端甲基五碳糖的甲基基团。[13]C 核磁共振波谱中 δ 103.3 ppm、δ 75.1 ppm、δ 72.7 ppm、δ 70.7 ppm、δ 68.6 ppm 和 δ 60.9 ppm 处的信号表明半乳糖的羰基。此外,末端碳的化学位移值表明半乳糖呈 β 构型。而且,除了以上 6 个主要碳信号,在[13]C 核磁谱中也观察到一些微弱的信号,如 δ 16.7 ppm 信号。[1]H 谱中的 δ 1.08(t,J=7.1 Hz)ppm 与 TOCSY 光谱中的 δ H 3.55 相关,这表明果胶中含有少量鼠李糖。这些结果进一步证实了半乳糖是海菜花果胶分子中最丰富的单糖,这与上述单糖组成的测定结果(半乳糖占 77.79%)完全一致。

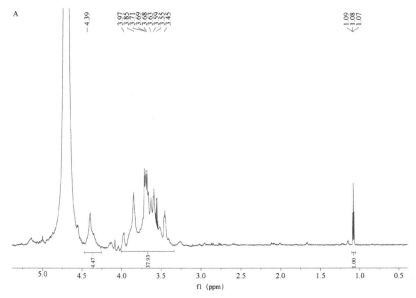

图 2-3　海菜花果胶的核磁共振[1]H 谱(A)、[13]C 谱(B)和 TOCSY 光谱(C)

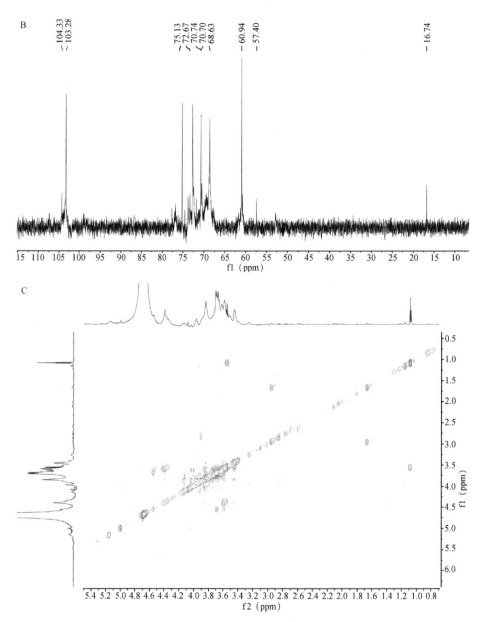

图 2-3 海菜花果胶的核磁共振¹H谱(A)、¹³C谱(B)和TOCSY光谱(C)(续图)

8. 果胶分子形态学观察

采用原子力显微镜观察了海菜花果胶的微观结构(图 2-4)。由图 2-4 可见,果胶的分子形态随着 pH 变化而变化。在 pH 为 2 时,能够观察到清晰的网络结

构。在 pH 4～6 时,网络结构变得不那么明显。当 pH 进一步增加至 8～10 时,
观察到一些小的块状物。在 pH 为 2 时,果胶的 ζ 电位最低,表明存在较弱的分
子间斥力,因此,果胶分子很容易相互联系形成网络结构。随着 pH 的增加果胶
的 ζ 电位增加,导致分子间更大的静电排斥,这被认为能够阻止分子的聚集,因
此,网络结构不太明显。在更高的 pH 如 8 和 10 时,苛刻的碱性条件将导致果胶
降解,因此,我们只能观察到小的块状物。

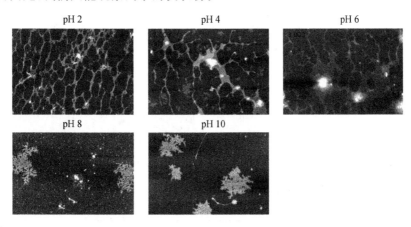

图 2-4　海菜花果胶原子力显微镜结构观察

9. 果胶黏流活化能

图 2-5A 显示了不同浓度下果胶黏度随温度的变化曲线。海菜花果胶溶液
黏度随着温度的升高呈非线性降低,尤其是在较高的浓度下。当海菜花果胶通
过加热处理时,热膨胀导致分子间距离和分子热能的显著增加,这导致了黏度的
下降。此外,海菜花果胶溶液的黏度显示出一种温度依赖式的下降,这可能与分
子量的减少有关。在加热过程中,中性糖侧链水解或 β 消除反应的出现会导致
果胶链断裂,从而进一步改变了海菜花果胶的分子构象。此外,随着果胶浓度的
增加,黏度也增加了,这可能是由于分子间距离的减少和分子间相互作用力的增
加。与此同时,溶剂-聚合物相互作用引起的海菜花果胶溶液速度模式的变化也
导致黏度随浓度的增加而增加。

图 2-5B 显示了果胶溶液黏度的对数($\ln\eta$)与 RT 的倒数($1/RT$)的关系图,
通过线性回归分析,按照 $\eta = \eta_{\circ}\exp\left(\dfrac{Q}{RT}\right)$,计算出斜率 Q(活化能)和垂直轴截距

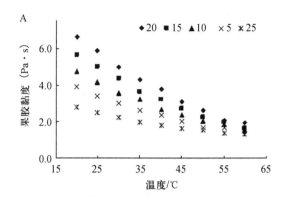

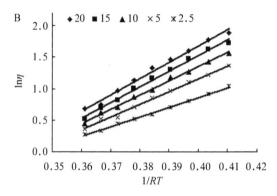

图 2-5 果胶黏流活化能分析(A:不同浓度下果胶黏度随温度的变化曲线;
B:果胶溶液的 $\ln\eta$ 与 $1/RT$ 的关系图)

η_0(指数前因子)。通过上述计算,表 2-5 展示了不同浓度海菜花果胶溶液的活化能 Q 和指数前因子 η_0。从表 2-5 可以看出,活化能 Q 随海菜花果胶溶液浓度的增加而增加,在浓度为 2.5～20 mg/mL 时,海菜花果胶 Q 值范围为 15.49～25.82 kJ/mol。可根据表 2-5 中的数据计算出特定温度下海菜花果胶溶液的黏度 η。浓度越大,黏度越高,就需要更多的空间或更大的孔让果胶分子流入,于是就需要一个更高的活化能,因此,能够观察到较大的活化能。活化能随聚合物流动阻力的增加而增加,活化能也用于表示链的灵活性。较硬的分子比柔韧的分子具有更大的活化能,并且对流动的阻力更大。研究结果表明,较高浓度的海菜花果胶可能具有更紧凑的结构。

表 2-5　海菜花果胶的 Arrhenius 模型参数

浓度/(mg/mL)	Q/(kJ/mol)	η_0/10^{-3} Pa·s	R^2	浓度/(mg/mL)	Q/(kJ/mol)	η_0/10^{-3} Pa·s	R^2
2.5	15.49	4.83	0.997 5	15	25.07	0.20	0.994 8
5	20.24	0.97	0.993 8	20	25.82	0.18	0.991 3
10	22.58	0.46	0.996 7				

注:Q 是活化能(kJ/mol),η_0 是指数前因子(Pa·s),R^2 是相关系数。

　　液体黏度随浓度的变化可以用指数型关系或幂型关系来描述。对于幂型关系,黏度随浓度的变化可用公式 $\eta=K_1(C)^{A_1}$ 表示;对于指数型关系,黏度随浓度的变化可用公式 $\eta=K_2\exp(A_2C)$ 表示(表 2-6)。在这两个公式中,$K_1[\text{Pa·s}(\text{mg/mL})^{-A_1}]$、$A_1$(无单位)、$K_2$(Pa·s)和 $A_2[(\text{mg/mL})^{-1}]$ 均为参数,C 为果胶浓度(mg/mL)。为了计算公式中的参数,黏度值以对数形式表示,并拟合成线性方程。表 2-6 列出了温度和浓度对海菜花果胶黏度的影响。

　　为了获得果胶黏度的一个单一方程,温度及浓度对黏度的影响可以结合起来用一个公式表示,这一黏度与温度及浓度的关系可以应用于实际生产中——实际生产过程中,一般温度和浓度都是同时变化。常数 K_3(kJ/mol)、$A_3[(\text{mg/mL})^{-1}]$、$K_4[\text{Pa·s}(\text{mg/mL})^{-A_4}]$、$A_4$(无单位)、$K_5$(Pa·s)和 $A_5[(\text{mg/mL})^{-1}]$ 分别通过 $\ln Q$ 与 $C(R^2=0.822\ 1)$、$\ln\eta_0$ 与 $\ln C(R^2=0.975\ 2)$ 和 $\ln\eta_0$ 与 $C(R^2=0.855\ 1)$ 的关系图进行计算得到。所有参数的计算见表 2-6。

表 2-6　温度和浓度对海菜花果胶黏度的影响

	20 ℃	30 ℃	40 ℃	50 ℃	60 ℃
等温数据-幂模型:$\eta=K_1(C)^{A_1}$					
K_1	2.000 9	1.605 0	1.346 2	1.200 5	1.099 3
A_1	0.392 0	0.369 7	0.328 6	0.244 6	0.171 9
R^2	0.991 2	0.988 9	0.972 8	0.955 0	0.901 8
等温数据-指数模型:$\eta=K_2\exp(A_2C)$					
K_2	2.852 7	2.237 1	1.797 7	1.475 7	1.265 0
A_2	0.044 9	0.042 5	0.038 4	0.029 4	0.021 1

续表 2-6

	20 ℃	30 ℃	40 ℃	50 ℃	60 ℃
R^2	0.932 2	0.940 1	0.952 6	0.991 8	0.976 5

组合的 Arrhenius 和幂模型：$\eta = K_4 \exp[K_3 \exp(A_3 C)/RT](C)^{A_4}$

$K_3 = 16.328\ 3\quad A_3 = 0.026\ 2\quad K_4 = 0.016\ 83\quad A_4 = -1.581\ 6$

组合的 Arrhenius 和指数模型：$\eta = K_5 \exp[K_3 \exp(A_3 C)/RT]\exp(A_5 C)$

$K_3 = 16.328\ 3\quad A_3 = 0.026\ 2\quad K_5 = 0.003\ 7\quad A_5 = -0.174\ 4$

注：$K_1[\text{Pa}\cdot\text{s(mg/mL)}^{-A_1}]$、$A_1$(无单位)、$K_2(\text{Pa}\cdot\text{s})$、$A_2[\text{(mg/mL)}^{-1}]$、$K_3(\text{kJ/mol})$、$A_3[\text{(mg/mL)}^{-1}]$、$K_4[\text{Pa}\cdot\text{s(mg/mL)}^{-A_4}]$、$A_4$(无单位)、$K_5(\text{Pa}\cdot\text{s})$和$A_5[\text{(mg/mL)}^{-1}]$均为参数，$C$ 为果胶浓度(mg/mL)。

表 2-6 中获得的 R^2 值表明，在研究果胶浓度与黏度之间的关系时，在较低温度(20～40 ℃)下，幂模型优于指数模型；而在较高温度(50～60 ℃)时，指数模型更好。此外，应用组合 Arrhenius 和幂模型研究浓度和温度对果胶黏度的综合影响，并建立了公式：$\eta = 0.016\ 83 \exp[16.328\ 3 \exp(0.026\ 2\ ℃)/RT](C)^{-1.581\ 6}$。

需要注意的是，表 2-6 所示参数仅适用于本文所列的特定温度和浓度范围。黏度是果胶溶液的一个关键因素，它对不同的温度和浓度很敏感。这些模型对海菜花果胶的生产和使用有很大的帮助。此外，在操作、运输、消费、储存和销售过程中，应严格控制温度和果胶浓度，以获得所需要的黏度。

2.4.2.3　海菜花果胶的乳化特性分析

1. 果胶浓度对 ζ 电位、粒径和乳化性能的影响

ζ 电位的变化与果胶浓度无关(图 2-6A)。果胶浓度为 1 g/100 mL 的乳液的 ζ 电位最高，其次是果胶浓度分别为 2 g/100 mL、0.5 g/100 mL 和 1.5 g/100 mL 的乳液。然而，随着果胶浓度的增大，乳液粒径减小(图 2-7A 和表 2-7)。同时，使用激光共聚焦显微镜(CLSM)观察了乳液液滴的大小，观察到了相同的趋势，即果胶浓度为 2 g/100 mL 时的乳液液滴明显小于 1 g/100 mL 时(图 2-8)。这一结果有两个影响因素。一方面，浓度较大的果胶分子可以在均质过程中覆盖较大的液滴表面积，这有助于形成较小的乳液液滴尺寸。另一方面，当存在大量果胶分子时，液滴表面被迅速覆盖，从而防止液滴在均质过程中重新聚结。

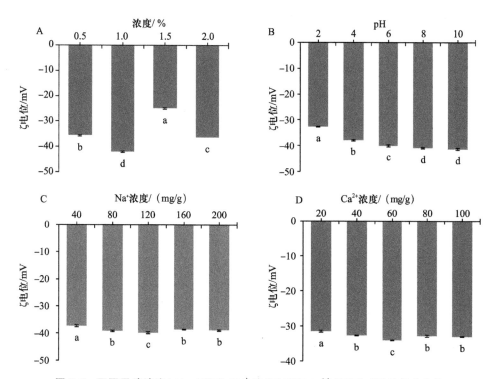

图 2-6　不同果胶浓度(A)、pH(B)、Na⁺ 浓度(C)和 Ca²⁺ 浓度(D)乳液的 ζ 电位

(注:不同的小写字母表示 $P<0.05$ 时差异具有统计学意义)

表 2-7　果胶乳液的平均粒径

果胶浓度/(g/100 mL)	0.5	1	1.5	2
平均粒径/μm	56.45±1.51 a	35.28±1.75 b	23.19±0.03 c	18.99±0.37 d
pH	2	4	6	8	10
平均粒径/μm	50.68±0.64 a	46.51±4.73 a	45.51±3.57 a	23.92±1.98 b	19.24±1.16 b
Na⁺ 浓度/(mg/g)	40	80	120	160	200
平均粒径/μm	21.36±0.06 e	36.31±0.22 d	46.00±0.23 c	50.26±0.20 b	59.46±0.27 a
Ca²⁺ 浓度/(mg/g)	20	40	60	80	100
平均粒径/μm	25.90±0.12 e	28.93±0.27 d	45.18±0.21 c	56.60±0.41 b	66.80±2.00 a

注:同一行不同的小写字母表示差异具有统计学意义($P<0.05$)。

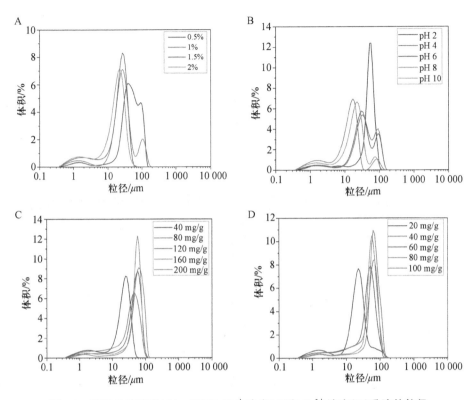

图 2-7　不同果胶浓度(A)、pH(B)、Na^+ 浓度(C)和 Ca^{2+} 浓度(D)乳液的粒径

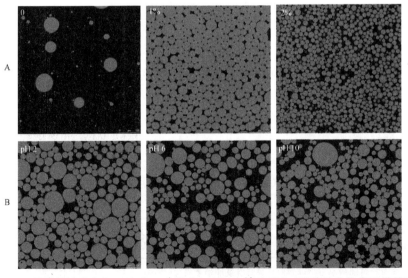

图 2-8　不同果胶浓度(A)、pH(B)、Na^+ 浓度(C)和 Ca^{2+} 浓度(D)乳液的共聚焦显微镜观察

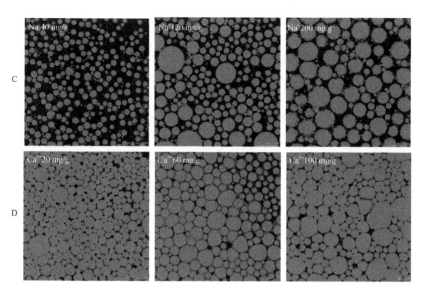

图 2-8　不同果胶浓度(A)、pH(B)、Na⁺浓度(C)和 Ca²⁺浓度(D)乳液的共聚焦显微镜观察(续图)

如图 2-9A 所示,当果胶浓度从 0.5 g/100 mL 增加到 2 g/100 mL 时,乳化能力(EC 值)逐渐增加。乳化稳定性(ES 值)也遵循这一趋势。EC 和 ES 的最大值分别为 93.9％和 78.3％。1 h 乳剂和 7 d 乳剂的外观观察也表明,果胶浓度为 2 g/100 mL 的乳剂具有最佳的乳化性能(图 2-10A)。根据斯托克定律,连续相黏度的增加和液滴粒径的减小都可以提高乳液的稳定性。我们的研究结果遵循斯托克定律。

2. pH 对 ζ 电位、粒径和乳化性能的影响

乳液的 ζ 电位随着 pH 的增加而增加(图 2-6B)。当 pH 从 2 增加到 8 时,乳液的 ζ 电位从 -32.67 mV 上升至 -40.93 mV($P<0.05$)。当 pH 从 8 进一步增加到 10 时,ζ 电位的增加很小($P>0.05$)。与 ζ 电位不同的是,随着 pH 的增加,粒径显著减小(图 2-7B 和表 2-7),并且在 pH 为 2~6 和 8~10 时,观察到的乳液粒径具有显著差异($P<0.05$)。

从图 2-9B 可以看出,随着 pH 从 2 增加到 10,乳化能力逐渐增加,在 pH 为 8 时达到最大值,然后保持稳定。在果胶分子中,静电效应由许多因素产生,包括光滑的同型半乳糖醛酸聚合物上的羧基(COO—)基团、甲基基团数量及其"块状"程度,以及带正电的蛋白质残基与带负电的半乳糖醛酸基团之间吸引性的静电相互作用。pH 影响这些静电的相互作用,进而改变果胶的构象,导致乳化能

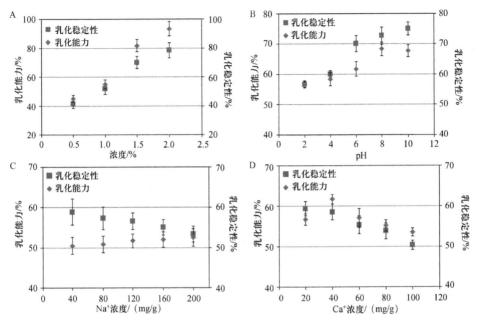

图 2-9 果胶浓度(A)、pH(B)、Na⁺浓度(C)和 Ca²⁺浓度(D)对果胶乳化性能的影响

力的改变。对于海菜花果胶来说,pH 为 8~10 的乳液的 ζ 电位较高,这增加了分子间静电排斥效应,从而防止了液滴的聚集。以下结果可以证实这些推论:在 pH 为 8~10 时,观察到乳液的平均粒径较小。共聚焦显微镜观察结果也表明,当乳液 pH 为 2 和 6 时,可以观察到液滴的聚集和聚结,而当乳液 pH 为 10 时,可以看到相对较小且均匀的液滴(图 2-8B)。

与乳化能力 EC 不同,乳液的乳化稳定性 ES 随着 pH 的增加而增加。据文献报道:果胶在 pH 为 3~4.5 的范围内表现出更好的稳定性;糖苷键在较高温度和较低 pH 下容易水解和脱酯;在 pH 大于 4.5 时,随着酯化度 DE 的增加和温度的升高,通过 β-消除反应的果胶链断裂急剧增加。这些报道与我们的结果不太一致。这些差异可能是由海菜花果胶的分子结构与其他果胶样品不同所致。此外,海菜花果胶在较低 pH 下乳化稳定性差,可能与果胶分子解聚或构象收缩引起的空间位阻效应降低有关。果胶 1 h 乳液和 7 d 乳液的照片也表明,pH 为 8~10 的乳液具有更好的稳定性(图 2-10B)。

3. 阳离子浓度对 ζ 电位、粒径和乳化性能的影响

在 Na⁺ 浓度为 40~200 mg/g 范围内的果胶,其乳液的 ζ 电位范围为 −39.87~

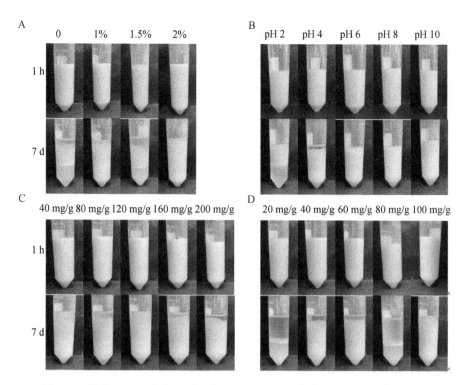

图 2-10　储存 7 d 后，不同果胶浓度(A)、pH(B)、Na$^+$ 浓度(C)和 Ca^{2+} 浓度(D)的乳液光学显微照片

-37.40 mV(图 2-6C)。在 Ca^{2+} 浓度为 20~100 mg/g 范围内的果胶，其乳液的ζ电位范围为 -34.03~-31.53 mV(图 2-6D)。研究结果表明，阳离子(Na$^+$ 和 Ca^{2+})浓度对果胶乳液的ζ电位影响不大。相反，阳离子浓度对乳液的粒径有显著影响。随着 Na$^+$ 和 Ca^{2+} 浓度的增加，乳液的平均粒径显著增加，表明阳离子对乳液的稳定性有不利的影响(图 2-7C 和 D，表 2-7)。

海菜花果胶是一种阴离子多糖，其稳定乳液的能力受阳离子类型和阳离子浓度的影响很大。随着 Na$^+$ 浓度的增加，其乳化能力(EC 值)基本保持稳定(50.5%~52.5%)。然而，随着 Na$^+$ 浓度的增加，其乳液的稳定性(ES 值)逐渐降低(图 2-9C)，这与乳液液滴尺寸的测定和激光共聚焦显微镜(CLSM)的观察结果一致。图 2-8 显示，当 Na$^+$ 浓度为 40 mg/g 果胶时，其乳液液滴较小且均匀，而当 Na$^+$ 的浓度进一步增加到 120 mg/g 和 200 mg/g 时，液滴尺寸变大，可以清楚地观察到乳状液液滴的聚结。Na$^+$ 对海菜花果胶乳化稳定性的影响是通过屏蔽负电荷实现的。一方面,乳状液滴之间的电荷斥力相互作用减少。另一方面,海菜花果胶分子内的静电斥力降低,导致分子构象更加紧密,这不利于海菜花果胶在油水界面上的吸附和海菜花果胶分子中疏水基团的暴露。因此,乳化稳定性随 Na^+ 浓度的增加而降低。在室温下储存 7 d,可观察到 Na^+ 浓度为 200 mg/g 的果胶严重破乳,表明其稳定性较差(图 2-10C)。这可以用乳液粒径的增大来解释。

另外,当 Ca^{2+} 浓度从 20 mg/g 增加到 100 mg/g 时,乳化能力(EC 值)呈现先升高后逐渐降低的趋势。当 Ca^{2+} 浓度为 40 mg/g 时,EC 值达到最大值(图 2-9D)。对于乳化稳定性(ES 值)来说,随着 Ca^{2+} 浓度的增加,其逐渐降低(图 2-9D)。根据激光共聚焦显微镜(CLSM)的观察(图 2-8D),当 Ca^{2+} 浓度为 20 mg/g 时,乳状液滴较小且相对均匀。然而,当 Ca^{2+} 浓度为 60 mg/g 和 100 mg/g 果胶时,乳状液滴较大且不规则,表明液滴发生了聚结。在低浓度下,Ca^{2+} 可以与低甲氧基果胶形成分子间交联,增加吸附膜的黏度,从而提高乳化能力。而在较高浓度下,可能会发生盐析效应,导致乳化能力下降。我们的结果进一步证明,由于乳液液滴之间的静电斥力降低,高浓度离子不利于乳液的稳定。在 7 d 的储存期内,添加不同浓度的 Ca^{2+} 后,观察到乳液的破乳程度不同(图 2-10D)。

就果胶的分子结构而言,影响果胶乳化性能的关键因素包括疏水官能团的含量和分布、分子量、分支度、共价或非共价结合蛋白片段以及电荷特性。一般来说,当果胶完全水合时,分子量较高的果胶具有较高的表面黏度,这可以提高乳液的稳定性。海菜花果胶的分子量约为 35.84×10^5 Da,显著高于甜菜[$(20 \sim 90) \times 10^3$ Da]、柑橘果胶[$(38 \sim 162) \times 10^3$ Da]和苹果果胶[$(63 \sim 81) \times 10^3$ Da]。因此,海菜花果胶良好的乳化能力部分归因于其相对较高的分子量导致的高黏度。此外,据报道,蛋白质与果胶分子的共价或非共价结合可以提高果胶的乳化能力,因为蛋白质在油水界面上具有良好的吸附作用。海菜花果胶中检测到 1.83% 的蛋白质,因此蛋白质与高度分枝多糖结构之间的交联也可能有助于提高果胶的乳化能力。

就外部因素而言,果胶溶液浓度、油相体积分数、离子类型和浓度、pH 和温度也显著影响果胶的乳化性能。在生产和加工过程中,应严格控制外部因素,以获得理想的乳化性能。

2.4.3　海菜花粗蛋白和蛋白质的氨基酸组成分析

海菜花粗蛋白含量(g/100 g)和蛋白质氨基酸组成(mg/g)见表 2-8,海菜花蛋白质氨基酸色谱图见图 2-11。由表 2-8 可知,海菜花粗蛋白含量为 17.66～24.27 g/100 g,且叶子含量最高,其次为花苞,花梗最少。与豆类相比,海菜花的粗蛋白含量略低于大豆(35.1 g/100 g),与普通豆子(白扁豆 19 g/100 g、红花豆 19.1 g/100 g、绿豆 21.6 g/100 g、豇豆 19.3 g/100 g、豌豆 20.3 g/100 g、红芸豆 21.4 g/100 g、去皮蚕豆 24.6 g/100 g)相当。与白菜(6.2 g/100 g)、菠菜(6.4 g/100 g)、西兰花(6.5 g/100 g)相比,海菜花的粗蛋白含量是 3 种蔬菜的 3～4 倍,表明海菜花蛋白质含量丰富,是蛋白质的良好食物来源。

由表 2-8 可知,共检测了除色氨酸(Trp)之外的 17 种氨基酸,结果显示,海菜花蛋白质中主要的氨基酸为谷氨酸(30.50～76.71 mg/g)、天冬氨酸(38.14～59.66 mg/g)、亮氨酸(17.27～42.29 mg/g)、苯丙氨酸(19.81～39.31 mg/g)和丙氨酸(13.41～35.39 mg/g),含量较少的氨基酸是蛋氨酸(6.28～19.50 mg/g)、酪氨酸(8.38～19.68 mg/g)和组氨酸(2.37～7.69 mg/g),未检测到半胱氨酸。海菜花花苞、花梗和叶子中单个氨基酸含量差异较大,且都是叶子含量最高,其次为花苞,花梗最低($P<0.05$);另外,海菜花蛋白质中总氨基酸含量(TAA)为 214.33～501.79 mg/g,与单个氨基酸相同,也是叶子中含量最高,其次为花苞,花梗含量最少($P<0.05$),这与前面的研究结果粗蛋白含量叶子>花苞>花梗完全一致。

人体需要的 8 种必需氨基酸(EAA)除了色氨酸未检测,其余检测的 7 种必需氨基酸(苏氨酸、缬氨酸、蛋氨酸、异亮氨酸、亮氨酸、苯丙氨酸、赖氨酸)均在海菜花中检测到,它们在花苞、花梗和叶子中的总量分别为:105.71 mg/g、82.55 mg/g 和 200.74 mg/g,占总氨基酸的比例(EAA/TAA)分别为 38.13%、38.51% 和 40.00%。不同部位中,叶子的必需氨基酸含量最高,是花梗的 2.43 倍,是花苞的 1.9 倍($P<0.05$)。在必需氨基酸中,含量最高的 3 种依次是亮氨酸(17.27～42.29 mg/g)、苯丙氨酸(19.81～39.31 mg/g)和赖氨酸(10.49～27.32 mg/g)。花苞、花梗和叶子中的必需氨基酸与非必需氨基酸的比例(EAA/NEAA)依次为 61.63%、62.64% 和 66.68%。蛋白质营养价值和品质高低取决于各种氨基酸的

数量、组成和比例,特别是必需氨基酸。海菜花必需氨基酸占总氨基酸的 38.13%～40%,与李原等的研究结果海菜花中 EAA/TAA 的比值 41.78%接近;而且必需氨基酸与非必需氨基酸的比例达到 61.63%～66.68%,根据联合国粮农组织和世界卫生组织建议的理想蛋白模式,EAA/TAA 的比值在 40%左右、EAA/NEAA 的比值达到 60%以上的蛋白质质量较好,海菜花的蛋白是一种较为理想的蛋白。

表 2-8　海菜花粗蛋白含量(g/100 g)和蛋白质氨基酸组成(mg/g)

粗蛋白和蛋白质氨基酸	花苞	花梗	叶子
粗蛋白	22.44±1.44 ab	17.66±0.73 a	24.27±1.13 b
B 天冬氨酸	43.66±1.13 b	38.14±0.94 a	59.66±0.82 c
*苏氨酸	11.76±0.45 b	9.36±0.57 a	23.47±0.73 c
丝氨酸	14.36±1.26 b	10.58±0.74 a	25.46±1.27 c
B 谷氨酸	41.15±1.53 b	30.50±0.82 a	76.71±1.18 c
甘氨酸	12.62±1.43 b	9.51±0.52 a	25.05±1.13 c
丙氨酸	18.54±1.02 b	13.41±0.71 a	35.39±1.10 c
半胱氨酸	未检出	未检出	未检出
*A 缬氨酸	14.22±0.59 b	10.52±0.63 a	27.51±0.66 c
*蛋氨酸	9.52±0.99 b	6.28±0.46 a	19.50±1.07 c
*A 异亮氨酸	11.56±1.18 a	8.82±0.96 a	21.32±1.85 b
*A 亮氨酸	22.49±1.02 b	17.27±0.85 a	42.29±1.00 c
酪氨酸	9.40±0.69 a	8.38±0.58 a	19.68±0.99 b
*苯丙氨酸	20.61±1.34 a	19.81±1.95 a	39.31±1.12 b
*赖氨酸	15.54±1.09 b	10.49±0.83 a	27.32±0.99 c
组氨酸	4.05±0.06 b	2.37±0.39 a	7.69±0.62 c
精氨酸	13.33±1.07 b	9.57±0.66 a	27.50±1.29 c
脯氨酸	14.41±1.10 b	9.32±0.84 a	23.46±0.82 c

续表 2-8

粗蛋白和蛋白质氨基酸	花苞	花梗	叶子
必需氨基酸（EAA）	105.71±6.55 b	82.55±6.27 a	200.74±7.35 c
非必需氨基酸（NEAA）	171.53±6.7 b	131.79±6.12 a	301.05±9.06 c
支链氨基酸（BCAA）	48.28±2.79 b	36.61±2.44 a	91.13±3.51 c
酸味和鲜味氨基酸	84.81±0.75 b	68.64±1.75 a	136.36±1.97 c
总氨基酸（TAA）	277.23±13.24 b	214.33±12.24 a	501.79±16.34 c
（EAA/TAA）/%	38.13	38.51	40.00
（EAA/NEAA）/%	61.63	62.64	66.68

注：* 表示必需氨基酸；A 表示支链氨基酸；B 表示酸味和鲜味氨基酸；同一行不同字母表示差异具有统计学意义（$P<0.05$）。

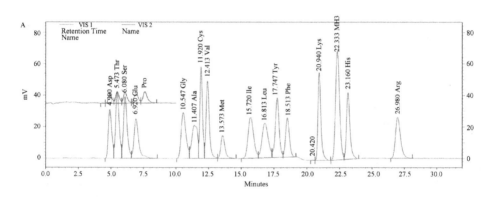

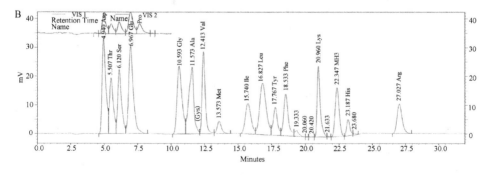

图 2-11　海菜花蛋白质氨基酸色谱图（A：标品，B：花苞，C：花梗，D：叶子）

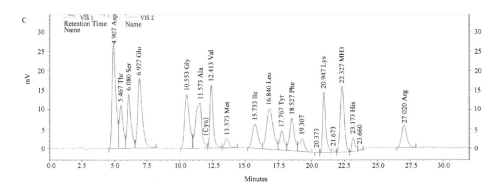

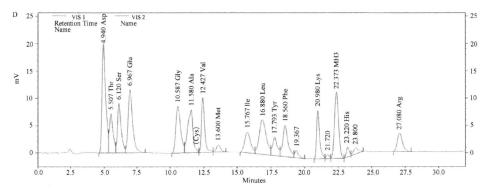

图 2-11　海菜花蛋白质氨基酸色谱图(A:标品,B:花苞,C:花梗,D:叶子)(续图)

支链氨基酸(branched chain amino acids,BCAA)是由亮氨酸、异亮氨酸和缬氨酸组成的一类必需氨基酸,海菜花花苞、花梗和叶子中的支链氨基酸含量较为丰富,达到 36.61~91.13 mg/g,约占总氨基酸的 18%。谷氨酸和天冬氨酸是食品中的酸味和鲜味氨基酸,海菜花中的酸味和鲜味氨基酸含量十分丰富,达到 68.64~136.36 mg/g,约占总氨基酸的 30%。大理白族将海菜花当作香料提鲜可能与海菜花中丰富的鲜味氨基酸含量有关。

2.4.4　海菜花粗脂肪和脂肪酸组成分析

海菜花粗脂肪含量(g/100 g)和脂肪酸组成(μg/g)见表 2-9,海菜花脂肪酸甲酯化后的气相-质谱(GC-MS)总离子流图(TIC)见图 2-12。由表 2-9 可知,海菜花的粗脂肪含量为 8.93~10.33 g/100 g,与常见蔬菜比较,显著地高于白菜(0.8 g/100 g)、菠菜(0.6 g/100 g)和西兰花(0.6 g/100 g),且叶子中的含量最高,其次为花苞,花梗中含量最少,这与松嫩草地 7 种黎科植物叶子中粗脂肪含量最高的研究结果一致。从表 2-9 中数据可以看出,海菜花总脂肪酸含量为 1 978.55~3 680.45 μg/g,且叶子中含量最高,是花苞的 1.33 倍、花梗的 1.86 倍($P<0.05$),这与海菜花粗脂肪含量叶子>花苞>花梗一致。海菜花中最主要的脂肪酸为棕榈酸(678.81~929.86 μg/g)、硬脂酸(72.22~139.89 μg/g)、山嵛酸(172.41~324.98 μg/g)、木蜡酸(138.44~282.32 μg/g)、棕榈油酸(336.90~822.44 μg/g)、α-亚麻酸(93.53~355.16 μg/g)、油酸(34.19~310.92 μg/g)、芥子酸(114.43~213.23 μg/g)和神经酸(96.61~194.54 μg/g),且大体上讲,在海菜花不同部位中的含量与总脂肪酸一致。细胞膜中脂肪酸组成的变化是植物通过增加不饱和脂肪酸的比例来保护细胞膜稳定性、完整性和功能性的一种途径。脂类的代谢受多种因素的影响,影响脂类的水平和代谢的一般环境因素有光照、温度、水分胁迫、土壤成分、大气成分以及其他因素,如物理损伤和害虫攻击。鉴于此,海菜花不同部位中粗脂肪和脂肪酸含量的差异是环境因素和植物本身代谢共同作用的结果。

表 2-9　海菜花粗脂肪含量(g/100 g)和脂肪酸组成 (μg/g)

粗脂肪和脂肪酸	花苞	花梗	叶子
粗脂肪	9.47±0.31 a	8.93±0.38 a	10.33±0.06 b
豆蔻酸 C14:0	53.58±3.00 b	32.72±1.99 a	72.79±2.77 c
棕榈酸(软脂酸)C16:0	728.94±12.08 b	678.81±10.72 a	929.86±15.1 c
硬脂酸 C18:0	130.64±3.09 b	72.22±2.01 a	139.89±3.54 c
花生酸 C20:0	37.65±1.85 b	19.82±1.95 a	46.53±1.86 c
山嵛酸 C22:0	172.41±7.27 a	172.68±6.24 a	324.98±6.26 b
木蜡酸 C24:0	199.45±2.12 b	138.44±2.13 a	282.32±8.63 c
肉豆蔻油酸 C14:1△^{9c}	11.29±1.61 c	2.79±0.19 a	6.53±0.23 b
棕榈油酸 C16:1△^{9c}	658.62±10.18 b	336.90±7.70 a	822.44±12.11 c
*α-亚麻酸 C18:3△^{9c,12c,15c}	355.16±10.88 c	93.53±3.06 a	198.75±2.23 b
反亚油酸 C18:2△^{9t,12t}	72.30±1.36 b	35.26±1.72 a	75.95±2.79 b
*亚油酸 C18:2△^{9c,12c}	30.63±1.84 b	14.39±1.39 a	32.42±1.61 b

续表2-9

粗脂肪和脂肪酸	花苞	花梗	叶子
油酸 C18:1△^{9c}	34.19±1.95 a	156.35±4.12 b	310.92±12.15 c
贡多酸(二十碳烯酸)C20:1△^{11c}	22.55±1.91 b	12.55±1.35 a	29.49±1.74 c
芥子酸(二十二碳烯酸)C22:1△^{13c}	114.43±5.29 a	115.44±4.67 a	213.23±4.89 b
神经酸(二十四碳烯酸)C24:1△^{15c}	137.43±4.71 b	96.61±2.85 a	194.54±5.96 c
饱和脂肪酸	1 322.38±23.20 b	1 114.71±21.02 a	1 796.38±38.03 c
不饱和脂肪酸	1 436.61±39.65 b	863.83±26.62 a	1 884.07±43.63 c
必需脂肪酸	385.79±12.71 c	107.92±4.45 a	231.17±3.83 b
总脂肪酸	2 758.99±62.82 b	1 978.55±47.64 a	3 680.45±81.65 c

注:* 表示必需脂肪酸;同一行不同字母表示差异具有统计学意义($P<0.05$)。

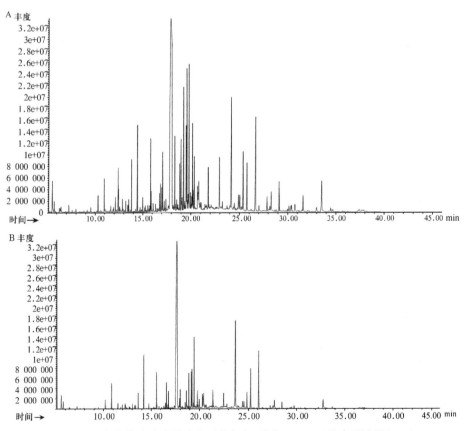

图 2-12　海菜花脂肪酸甲酯化后的气相-质谱(GC-MS)总离子流图(TIC)

(A:花苞;B:花梗;C:叶子)

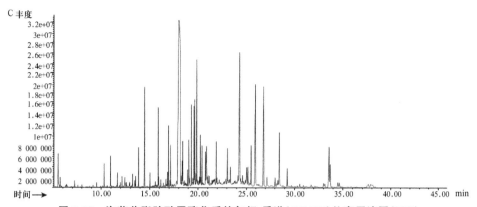

图 2-12　海菜花脂肪酸甲酯化后的气相-质谱(GC-MS)总离子流图(TIC)

(A:花苞;B:花梗;C:叶子)(续图)

海菜花花苞、花梗和叶子中的必需脂肪酸(α-亚麻酸和亚油酸)含量依次为 385.79 $\mu g/g$、107.92 $\mu g/g$ 和 231.17 $\mu g/g$(P<0.05),分别占总脂肪酸含量的 13.98%、5.45% 和 6.28%,且 α-亚麻酸的含量高于亚油酸。

海菜花中饱和脂肪酸含量为 1 114.71~1 796.38 $\mu g/g$,其中,叶子含量最高,其次为花苞,花梗含量最少(P<0.05)。饱和脂肪酸中含量最高的 3 种依次为:棕榈酸、山嵛酸和木蜡酸。不饱和脂肪酸含量为 863.83~1 884.07 $\mu g/g$,其中,叶子含量最高,分别是花苞和花梗的 1.31 倍和 2.18 倍(P<0.05)。不饱和脂肪酸中,含量最高的 5 种为:棕榈油酸、α-亚麻酸、油酸、芥子酸和神经酸。花苞、花梗和叶子中不饱和脂肪酸含量分别占总脂肪酸的 52.07%、43.66% 和 51.19%,表明海菜花含有丰富的不饱和脂肪酸,经常食用对健康非常有益。

2.4.5　海菜花维生素含量分析

维生素是人体新陈代谢和维持健康所需的微量营养素,可以从饮食中,特别是从水果和蔬菜中获得。海菜花维生素含量(mg/100 g)见表 2-10。海菜花花梗维生素 B_2、花梗维生素 C 和花苞维生素 E 的 HPLC 色谱图见图 2-13、图 2-14 和图 2-15。

表 2-10　海菜花维生素含量　　　　　　　　　　　　　　mg/100 g

维生素	花苞	花梗	叶子
维生素 B_2	0.15±0.01 b	0.18±0.02 b	0.11±0.01 a
维生素 C	40.57±0.85 a	119.72±2.09 c	80.56±1.20 b
α-生育酚	2.28±0.08 c	0.72±0.04 b	0.56±0.04 a
β-生育酚	0.20±0.01 b	0.08±0.01 a	0.19±0.01 b
γ-生育酚	0.34±0.03 a	0.38±0.01 a	0.35±0.03 a
δ-生育酚	1.58±0.10 b	0.77±0.01 a	0.61±0.06 a
维生素 E(总)	4.39±0.57 c	1.96±0.06 b	1.71±0.07 a

注:同一行不同字母表示差异具有统计学意义($P<0.05$)。

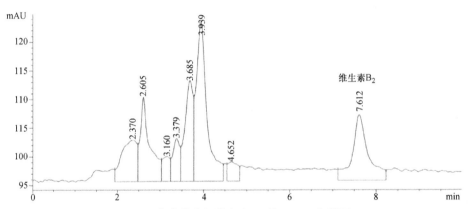

图 2-13　海菜花花梗维生素 B_2 的 HPLC 色谱图

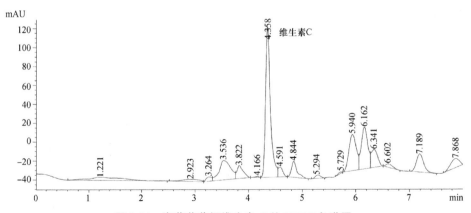

图 2-14　海菜花花梗维生素 C 的 HPLC 色谱图

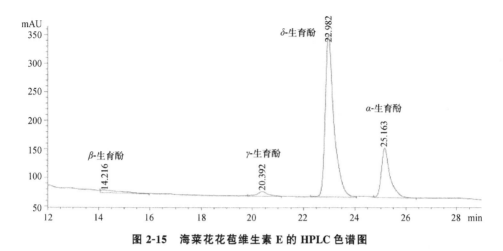

图 2-15 海菜花花苞维生素 E 的 HPLC 色谱图

由表 2-10 中的数据可以看出,海菜花维生素 B_2 含量为 0.11~0.18 mg/100 g,且花梗含量最高,其次为花苞,叶子含量最低,高于白菜,与菠菜(0.18 mg/100 g)和西兰花(0.18 mg/100 g)接近。

维生素 C(抗坏血酸)由于 2,3-烯二醇基团的存在,具有酸性和很强的抗氧化活性。猕猴桃、柑橘类水果、红枣、番石榴、草莓、辣椒、菠菜、西兰花和卷心菜等热带水果和多叶蔬菜富含维生素 C。海菜花维生素 C 的含量为 40.57~119.72 mg/100 g,且不同部位含量差异较大,其中花梗的含量最高,分别是叶子和花苞的 1.49 倍和 2.95 倍($P<0.05$)。海菜花维生素 C 含量与白菜(187 mg/100 g)、菠菜(82 mg/100 g)和西兰花(82 mg/100 g)相当。理想的低温适应期能增加植物体内的抗坏血酸含量,据报道,低温和冷应激能增加西兰花和菠菜里的抗坏血酸含量。海菜花花苞、花梗和叶子维生素 C 含量的差异,可能与不同部位所处的环境温度的差异有关。

维生素 E 对应于生育酚和生育三烯酚,它们是具有一个羟基的芳香环,是一种常见的抗氧化剂。最常见的维生素 E 异构体有 α-生育酚、β-生育酚、γ-生育酚和 δ-生育酚。海菜花中维生素 E 含量为 1.71~4.39 mg/100 g,高于白菜和西兰花,低于菠菜(7.37 mg/100 g)。不同部位中维生素 E 含量花苞>花梗>叶子,差异具有统计学意义($P<0.05$)。此外,海菜花中的维生素 E 以 α-生育酚和 δ-生育酚为主,β-生育酚和 γ 生育酚含量较低。

2.4.6 海菜花矿物质含量分析

海菜花矿物质含量(mg/100 g)见表 2-11。由表 2-11 中数据可以看出,海菜花中含量最丰富的矿物质元素是 K(1 983.86～3 597.43 mg/100 g),其次是 Ca(84.10～349.46 mg/100 g)、Fe(58.13～167.15 mg/100 g)、Mn(3.74～54.65 mg/100 g)、Mg(5.44～5.79 mg/100 g)和 Zn(3.81～5.09 mg/100 g),含量最低的是 Cu(1.64～3.06 mg/100 g)。与 3 种常见蔬菜比较,海菜花中 Fe 元素含量分别是白菜(13.8 mg/100 g)、菠菜(25.9 mg/100 g)和西兰花(6.4 mg/100 g)的 4.21～12.11 倍、2.24～6.45 倍和 9.08～26.12 倍;Cu 元素含量分别是白菜(0.87 mg/100 g)、菠菜(2.08 mg/100 g)和西兰花(0.79 mg/100 g)的 1.89～3.52 倍、0.79～1.47 倍和 2.08～3.87 倍;Mn 元素含量分别是白菜(2.65 mg/100 g)、菠菜(1.61 mg/100 g)和西兰花(1.08 mg/100 g)的 1.41～20.62 倍、2.32～33.94 倍和 3.46～50.60 倍;K 元素含量依次是白菜(1 983.86 mg/100 g)、菠菜(3 597.43 mg/100 g)和西兰花(3 113.46 mg/100 g)的 0.87～1.58 倍、2.16～3.91 倍和 3.58～6.49 倍;Zn 含量与白菜(4.68 mg/100 g)和菠菜(3.91 mg/100 g)的相近,高于西兰花(2.15 mg/100 g)的;Ca 元素含量低于白菜(908 mg/100 g)的,与菠菜(411 mg/100 g)和西兰花(185 mg/100 g)的接近。Mg 元素明显低于白菜(219 mg/100 g)、菠菜(183 mg/100 g)和西兰花(99 mg/100 g)。这些结果表明,海菜花是 Fe、Mn、K 和 Cu 良好的食物来源。

此外,结果显示,同一种矿物质元素在海菜花不同部位含量差异较大。Fe、Mn 和 Ca 在叶子中的含量显著高于花梗和花苞的($P < 0.05$),Mg 在花苞、花梗和叶子中的含量没有显著性差异,Cu 和 Zn 在花苞中的含量显著地高于花梗和叶子的($P < 0.05$),K 在花梗中的含量显著高于花苞和叶子的($P < 0.05$)。海菜花花苞、花梗和叶子中矿物质组成模式的差异表明海菜花不同部位对不同矿物质元素的吸收和代谢存在差异。

表 2-11　海菜花矿物质含量　　　　　　　　　　　mg/100 g

矿物质	花苞	花梗	叶子
铁 Fe	58.13±3.46 a	72.60±3.52 b	167.15±2.69 c
锰 Mn	3.74±0.05 a	7.23±0.33 a	54.65±2.69 b
镁 Mg	5.44±0.01 a	5.79±0.02 a	5.44±0.01 a
钙 Ca	95.26±3.35 a	84.10±8.84 a	349.46±20.51 b
铜 Cu	3.06±0.20 b	1.88±0.15 a	1.64±0.05 a
锌 Zn	5.09±0.05 b	3.81±0.07 a	4.31±0.07 c
钾 K	1 983.86±83.10 a	3 597.43±130.53 b	3 113.46±139.58 c

注:同一行不同字母表示差异具有统计学意义($P<0.05$)。

2.5　讨　论

　　水分含量对植物性食品的感官性状、质地、口感、维持食品各组分的平衡关系、加工与贮藏、腐败变质等有着重要的影响。试验结果表明,海菜花水分含量较高,超过了 90%。因此,海菜花不宜保藏,主要以鲜食为主。同时,海菜花不适于加工成干制品。

　　碳水化合物在人体内有提供能量、构成组织结构及生理活性物质、调节血糖、提供膳食纤维、节约蛋白质和抗生酮作用等生理功能。碳水化合物在植物体内的存在形式有单糖、寡糖、淀粉、半纤维素、纤维素、复合多糖,以及糖的衍生物,主要由绿色植物经光合作用而形成,是光合作用的初期产物。试验结果表明,海菜花粗纤维含量较高。粗纤维,即膳食纤维,被称为"第七营养素",与人体健康密切相关,在预防人体某些疾病如冠心病、糖尿病、结肠癌和便秘等方面起着重要作用。成年人每天膳食纤维建议的摄入量一般在 20～35 g。据文献报道,海菜花可以用于治疗便秘,这可能与其含有较高的粗纤维有关。此外,植物源性食品中糖的含量和组成与食品的加工有着密切的关系。在热处理中,糖发生脱水与降解,会发生焦糖化反应,生成黑褐色的物质。另外,糖与蛋白质还会发生美拉德反应,又称羰氨反应,尤其是还原糖。焦糖化反应和羰氨反应生成黑褐色的物质,会改变食品的色泽,使其发生褐变。海菜花中总糖含量较高,且含有一定量的还原糖,因此在食品加工中要控制好温度、pH、水分含量等,防止海菜花褐变,以免降低其感官品质。

果胶是一种复杂的多糖,它们存在于植物细胞壁和细胞内层,呈白色至黄色粉状,无臭味,安全无毒,口感黏滑。果胶可作为乳化剂、稳定剂、增稠剂等食品添加剂广泛应用于食品工业中,也可以应用于医药保健品和化妆品中。但不同来源的果胶其理化性质不同,用途也不同,因此研究开发不同来源的新型果胶具有重要的意义。海菜花果胶是一种低甲氧基果胶,且具有良好的乳化特性,可以用作食品添加剂。

蛋白质在人体内有构成人体组织成分和各种重要的生理活性物质以及提供能量的生理功能。同时,氨基酸也具有非常重要的生理功能,参与维持人体的各种生命活动,如谷氨酸具有降低血氨、维持和促进脑细胞功能、预防和治疗肝昏迷、治疗胃溃疡等功效;天冬氨酸可用于治疗心肌代谢障碍、支气管炎、胃功能障碍;支链氨基酸(缬氨酸、异亮氨酸、亮氨酸)可以显著增加蛋白合成,促进相关激素的释放,如生长激素、胰岛素样生长因子-1和胰岛素的产生。据报道,补充支链氨基酸可改善与衰老相关的疾病,如肌肉减少症、胰岛素抵抗、2型糖尿病和心血管功能障碍等。Alvers等报道了支链氨基酸能够延长单细胞酵母寿命。意大利米兰大学 D'Antona 教授首次证明了支链氨基酸能够延长小白鼠的寿命,而且在延长寿命的同时,小白鼠的心肌和骨骼肌中线粒体的生物合成增加、SIRT1基因表达增加、氧化损伤指标降低。此外,据报道支链氨基酸还可以用于治疗肝脏疾病。试验结果显示,海菜花不仅蛋白质含量高,而且含有丰富的氨基酸,特别是支链氨基酸以及酸味和鲜味氨基酸,因此海菜花是蛋白质良好的食物来源,可以用于研究开发功能性食品和药物。另外,海菜花中丰富的酸味和鲜味氨基酸(天冬氨酸、谷氨酸)可用于开发风味食品和天然的鲜味添加剂。

脂肪在人体内的生理功能有贮存和提供能量、保温及润滑作用、节约蛋白质、构成机体成分以及内分泌作用。必需脂肪酸对人体的功能是必不可少的,但机体自身不能合成,必须由膳食提供。必需脂肪酸对于维持生长发育、生殖、正常视觉功能等具有非常重要的功能。不饱和脂肪酸是细胞膜结构和功能重要物质的基础,对于维持生殖和生长,提高脑细胞的活性等具有非常重要的功能。试验结果显示,海菜花粗脂肪含量较高;同时,必需脂肪酸和不饱和脂肪酸含量较为丰富,是膳食脂肪较好的食物来源。脂肪在加工贮藏中由于光、酶、温度、金属离子等,会发生氧化酸败,降低食品的品质。海菜花粗脂肪含量较高,因此在加工和储藏过程中要控制好各种条件,防止其发生氧化。

　　维生素根据溶解性分为水溶性维生素和脂溶性维生素两大类。维生素在人体内既不构成组织成分,也不提供能量,但却在机体物质和能量代谢过程中起着重要作用。如维生素 B_2 是辅酶黄素腺嘌呤二核苷酸(FAD)和黄素单核苷酸(FMN)的前体,在细胞功能、生长发育和能量代谢中起着关键作用,能对抗氧化应激,特别是脂质的过氧化和氧化损伤,有效地预防偏头痛,减轻肝细胞的损伤。维生素 C 是一种与组织愈合和促进关键神经递质释放有关的必需营养素,作为一种强有力的抗氧化剂,通过调节功能酶来帮助增强免疫能力。维生素 E 具有促进性激素分泌、提高生育能力、预防流产的生理功能。海菜花维生素 B_2、维生素 C 和维生素 E 含量丰富,可以作为这三种维生素良好的蔬菜来源。此外,热处理、氧气、pH、光线等会破坏维生素。因此,在海菜花的加工贮藏中应控制好各种条件,防止维生素降解,以免降低其营养价值。本书中只检测了海菜花中维生素 B_2、维生素 C 和维生素 E 的含量,对于其他维生素如维生素 B_6、烟酸、类胡萝卜素、叶酸等,有待于进一步研究。

　　矿物质在人体内是必需的生理过程调节因子。超过 1/3 的人体蛋白需要金属离子发挥功能,缺乏这些离子对人体健康有显著的影响。如 Fe 参与氧的运输和储存、参与细胞色素和某些金属酶合成、维持正常造血功能、增强免疫功能等,人体缺铁容易导致免疫功能下降、贫血、疲倦、抵抗力降低、发育不良等。Cu 参与或催化氧化防御系统的氧化还原反应,参与造血过程及铁的代谢,影响铁的吸收、运送及利用。Mn 是超氧化物歧化酶及抗氧化酶(如线粒体中的抗氧化酶)的辅助因子,在生理水平上,它具有维持大脑功能和生殖功能、构成骨骼成分等功能。K 可以调节细胞内适宜的渗透压和体液的酸碱平衡,参与细胞内糖和蛋白质的代谢,有助于维持神经和肌肉的正常功能。海菜花中富含 Fe、Zn、Mn 和 K,是这 4 种矿物质元素良好的蔬菜来源。植物中矿物质元素的含量与其生长的环境密切相关。海菜花中矿物质元素的含量间接地反映了其生长的水域中矿物质元素的含量水平。此外,本论文中只检测了 K、Mg、Ca、Fe、Zn、Mn 和 Cu 7 种矿物质元素,对于其他矿物质元素,今后可做进一步的研究。

2.6　本章小结

本章系统研究了海菜花花苞、花梗和叶子中的水分、碳水化合物、粗蛋白及蛋白质的氨基酸组成、粗脂肪及脂肪酸组成、维生素 C、维生素 B_2、维生素 E 以及矿物质含量,主要得到以下结论:

(1)海菜花的水分含量为 91.94～95.46 g/100 g 鲜重,粗纤维含量为 10.16～13.33 g/100 g 干重,且都是花梗含量最高,其次为花苞,叶子含量最低;海菜花还原糖含量为 3.66～7.37 g/100 g 干重,且花苞含量最高,其次为花梗,叶子含量最低;总糖含量为 9.91～19.89 g/100 g 干重,且花苞含量最高,其次为叶子,花梗含量最低;海菜花中主要的单糖为果糖和葡萄糖,且都是花苞含量最高,叶子其次,花梗最低。

(2)海菜花花苞果胶多糖的物理化学特性和乳化性能如下:①海菜花果胶是低甲氧基果胶,分子量较高(约 35.84×10^5 Da),其单糖主要由半乳糖、木糖、葡萄糖等组成;②海菜花果胶是一种具有良好热稳定性的阴离子多糖,在 2.5～20 mg/mL 浓度范围内,随着 pH 的增加,电荷密度和分子形态发生了显著变化;③海菜花果胶黏度受浓度和温度的共同影响,其关系可表示为:$\eta = 0.016\ 83\ \exp(16.328\ 3\ \exp[0.026\ 2\ C]/RT)(C)^{-1.581\ 6}$;④当海菜花果胶浓度为 2.0 g/100 mL 时,可以获得含有 50% 油分(V/V)的稳定乳液。果胶浓度、pH、Na^+ 浓度和 Ca^{2+} 浓度分别显著影响海菜花果胶的 ζ 电位、粒径和乳化性能。在 1.0 g/100 mL 果胶溶液浓度下,含有 50% 油分的乳液在 7 d 内稳定。海菜花果胶可以作为一种有效的乳化剂,其乳化机理有待进一步研究。

(3)海菜花的粗蛋白含量为 17.66～24.27 g/100 g 干重,且叶子含量最高,其次为花苞,花梗最少;蛋白质中含量最丰富的氨基酸为谷氨酸,总氨基酸含量达 214.33～501.79 mg/g 蛋白;总体上讲,单个氨基酸和总氨基酸都是叶子含量最高,其次为花苞,花梗最低;海菜花蛋白质的必需氨基酸占总氨基酸的比例达 40%,必需氨基酸与非必需氨基酸的比例超过 60%,而且支链氨基酸和鲜味氨基酸含量较为丰富。

(4)海菜花的粗脂肪含量为 8.93～10.33 g/100 g,总脂肪酸含量为

1 978.55～3 680.45 μg/g,且都是叶子含量最高,其次为花苞,花梗含量最少;海菜花中主要的脂肪酸为棕榈酸、硬脂酸、山嵛酸、木蜡酸、棕榈油酸、α-亚麻酸、油酸、芥子酸和神经酸,它们在海菜花不同部位中的含量差异较大。

(5)海菜花维生素 B_2 含量为 0.11～0.18 mg/100 g,且花梗中含量最高,其次为花苞,叶子中含量最低;维生素 C 的含量为 40.57～119.72 mg/100 g,且花梗含量最高,其次为叶子,花苞含量最低;维生素 E 含量为 1.71～4.39 mg/100 g,不同部位维生素 E 含量为花苞＞花梗＞叶子,且以 α-生育酚和 δ-生育酚为主,β-生育酚和 γ-生育酚含量较低。

(6)海菜花中含量最丰富的矿物质元素是 K,其次是 Ca、Fe、Mn、Mg 和 Zn,含量最低的是 Cu;同一种矿物质元素在海菜花不同部位含量差异较大,其中 Fe、Mn 和 Ca 在叶子中的含量显著高于花梗和花苞的,Mg 在花苞、花梗和叶子中的含量没有显著性差异,Cu 和 Zn 在花苞中的含量显著地高于花梗和叶子,K 在花梗中的含量显著高于花苞和叶子的。

第3章 海菜花多酚组成分析

3.1 引　言

　　植物多酚,又称"植物营养素",是良好的还原剂、金属离子螯合剂、单线态氧淬灭剂及供氢体,具有显著的抗氧化活性,能够阻止活性氧自由基对人体造成的氧化损伤。植物多酚对人体的健康作用已经得到了科学界的普遍认可,在癌症、心脑血管疾病、衰老等与人类年龄相关的疾病的预防方面具有显著功效。

　　目前,植物多酚的分离纯化技术有柱层析纯化法(如聚酰胺柱层析、大孔树脂柱层析)、溶剂萃取纯化法、离子沉淀分离法、色谱分离法(如高效液相色谱法)、膜分离法等。植物多酚含量的分析方法有分光光度法(如 Folin-Ciocalteu法、Folin-Denis 法)、色谱分析法(如 GC、HPLC)、荧光分析法(FLU)等。鉴定植物多酚常用的方法有核磁共振(NMR)、气相色谱(GC)、液相色谱(HPLC)、质谱(MS)、紫外/可见光谱(UV/VIS)、红外光谱(IR)、色谱-质谱联用(如 GC-MS、HPLC-MS)、X 射线衍射(Diffraction of X-rays)等。通常确定一种未知化合物结构,需要将核磁共振、质谱、紫外/可见光谱、X 射线衍射等技术结合起来,能够提供更详尽、更准确的信息。

　　海菜花(*O. acuminata*),是我国云贵高原及西南邻区特有的一种水生植物,在云南少数民族地区有着悠久的食用和药用文化。然而,关于其化学组成的研究报道较少。植物原料的药用功能与其酚类化合物的含量和组成有密切关系。因此,对海菜花不同部位的酚类化合物进行提取、分离、纯化及鉴定,对于进一步明确其生物活性、药用价值及海菜花资源的开发利用,都具有十分重要的指导意义。

　　本章采用超声波辅助有机溶剂法提取了海菜花花苞、花梗和叶子中的多酚,并用大孔吸附树脂 X-5 进行了纯化,然后采用 Folin-Ciocalteu 法测定了其总酚含量。同时,采用 HPLC-PDA-ESI-TOF-MS 技术对海菜花不同部位多酚提取物的组成进行了定性和定量分析。

3.2　材料、试剂及设备

3.2.1　材料

海菜花原变种(*O. acuminata var. acuminata*)幼苗于 2017 年 3 月 1 日在云南省大理州洱源县邓川镇(纬度:100°05′N;经度:25°59′E;海拔:1 970~3 400 m)深水田中移栽,在盛花期时段于 2017 年 5 月 5 日采集作为试验样品。将采集的整株植物分成花苞、花梗和叶子三部分,进行除杂、清洗、真空冷冻干燥,然后粉碎过 60 目筛,密封保存于−4 ℃冰箱备用。

3.2.2　试剂

色谱级甲醇:美国 Fisher Scientific 公司

Folin-酚试剂:美国 Sigma 试剂公司

香草酸、绿原酸、咖啡酸、木犀草素、槲皮素标准品:美国 Sigma 试剂公司

X-5 大孔吸附树脂:沧州宝恩吸附材料科技有限公司

氢氧化钠、乙酸乙酯、盐酸等均为国产分析纯

3.2.3　主要仪器与设备

Scientz-ND 系列真空冷冻干燥机:宁波新芝生物科技股份有限公司

RE-300 型旋转蒸发器:上海亚荣生化仪器厂

SHZ-D Ⅲ予华牌循环水真空泵:巩义市予华仪器有限责任公司

KQ-200KDE 型超声波清洗器:昆山市超声仪器有限公司

WFJ 2000 型可见分光光度计:上海尤尼科仪器有限公司

ExionLC™ AD 高效液相色谱仪、二极管阵列(PDA)检测器、Triple TOF 5600$^+$型三重四级杆飞行时间质谱仪:美国 Sciex AB 公司

Shim-pack XR-ODS Ⅲ色谱柱(2.0 mm×50 mm,1.6 μm);日本岛津(Shi-madzu)公司

3.3　试验方法

3.3.1　海菜花多酚的提取和纯化

海菜花多酚的提取按照 Gao 等的方法进行,并稍做修改。具体操作流程为:准确称取海菜花花苞、花梗和叶子干燥粉末样品各 20.0 g 于锥形瓶,分别加入 400 mL 甲醇-水溶液(80/20,V/V),搅拌混匀并用超声波辅助提取 10 min 后真空抽滤。剩余残渣返回原锥形瓶中,重复上述步骤,再提取 2 次,合并 3 次提取的滤液,转移至旋蒸瓶,于 35 ℃旋转蒸发至剩余水相体积约为 50 mL。用 6 mol/L HCl 调水相 pH 至 1～2,然后用乙酸乙酯萃取 6 次(每次 30 mL),合并乙酸乙酯相,并用无水硫酸钠过滤去除残余水分,再次将有机相转移至旋蒸瓶,于 35 ℃旋转蒸发除去乙酸乙酯,最终的残留物用超纯水重新定容至 60 mL,得到海菜花多酚粗提液,用于进一步的纯化。

海菜花多酚粗提液采用 X-5 大孔吸附树脂进行纯化。根据说明书,将 X-5 大孔吸附树脂进行预处理。首先,分别用 1 mol/L HCl 和 NaOH 溶液浸泡树脂,去除合成过程中吸附在孔隙中的单体和致孔剂,然后于 60 ℃真空干燥。试验前,用 95%乙醇浸泡干燥树脂 12 h,再用蒸馏水彻底清洗。取预处理好的 X-5 大孔吸附树脂 10 g,加入多酚提取液中,于 25 ℃水浴振荡(120 r/min)吸附 24 h。抽滤去掉提取液,将树脂首先用超纯水冲洗 2 次,再用 50 mL 70%乙醇于 25 ℃水浴振荡(120 r/min)解析 24 h。解析液于 35 ℃旋转蒸发去除乙醇,最终的残留溶液经真空冷冻干燥后获得纯化的多酚提取物粉末,并计算纯化后的多酚提取得率,结果以每克干重样品的毫克数表示(mg/g)。纯化的多酚提取物粉末保存于-30 ℃用于进一步分析。

3.3.2　总酚含量（TPC）的测定

TPC 的分析采用福林-酚法,参照 Lu 等的方法进行测定。没食子酸标准曲

线制作:分别吸取 0.00、0.08 mL、0.12 mL、0.16 mL、0.20 mL、0.24 mL、0.28 mL 和 0.32 mL 100 μg/mL 没食子酸标准溶液于 10 mL 试管,加入 100 μL 1 mol/L Folin-酚试剂,反应 3 min 后,加入 2 mL 7.5％碳酸钠溶液,然后用蒸馏水定容至 5 mL,充分混匀后室温避光反应 40 min。反应结束后用 WFJ2000 型可见分光光度计于 760 nm 波长处测定吸光度值。以没食子酸质量浓度为横坐标,吸光度值为纵坐标,绘制标准曲线,得到线性方程 $y = 0.096\ 2x + 0.096\ 9$($R^2 = 0.991\ 2$,线性范围为 0～6.4 μg/mL)。样品总酚含量的测定:吸取 0.1 mL 0.5 mg/mL 海菜花多酚溶液于 10 mL 试管,按照上述步骤测定样品的吸光度值,将样品吸光度值代入没食子酸标准曲线方程,计算含量。样品中多酚含量测定结果以每克提取物中所含等量没食子酸质量表示(mg GAE/g)。

3.3.3　HPLC-PDA-ESI-TOF-MS 分析海菜花多酚提取物的组成

高效液相色谱(HPLC)分析条件:美国 Sciex 公司 ExionLC™ AD 型高效液相色谱仪配备有二元泵、自动进样器、PDA 检测器。设定 254 nm、280 nm 和 360 nm 3 个波长同时检测。日本岛津 Shim-pack XR-ODS Ⅲ (2.0 mm×50 mm,1.6 μm)型色谱柱流速为 400 μL/min,进样量 2 μL,柱温 37 ℃。流动相 A 为 0.1％甲酸超纯水溶液(甲酸/H_2O,1/1 000,V/V),B 为 100％甲醇。梯度洗脱程序为:0～1 min,A 95％,B 5％;1～8 min,A 95 降至 5％,B 5％升至 95％;8～10 min,A 5％升至 95％,B 95％降至 5％。

质谱(MS)条件:离子源为电喷雾离子化源(ESI),负离子模式。采用 TOF-MS-IDA-MS/MS 方法采集数据,信息依赖的质谱试验包括 TOF/MS 一级预扫描和触发的二级扫描 TOF/MS/MS。TOF/MS 一级预扫描的参数为:质谱扫描范围 m/z 100～1 000,离子的信号积累时间为 150 ms,离子喷雾电压(ISVF) 4 500 V,去簇电压(DP)−60 V,碰撞能(CE)−10 V,雾化气温度 600 ℃,气帘气 (N2)35 psi,雾化气(气体 1)和辅助气(气体 2)均为 60 psi。触发的二级扫描 TOF/MS/MS 参数为:质谱扫描范围 m/z 50～1 000,母离子的信号积累时间 60 ms,碰撞能(CE)和碰撞能叠加(CES)分别为−40 V 和 20 V,离子释放延迟 (IRD)及离子释放宽度(IRW)分别为 67 ms 和 25 ms。触发二级的方法为 IDA。质谱分析之前通过自动矫正系统进行精确分子量矫正。采用 PeakView 2.2® 和

MultiQuant 3.0.2（AB Sciex，USA）软件获取质谱数据并进行数据的处理和分析。将样品的质谱数据与标准品质谱数据、质谱系统数据库以及报道的文献进行比对，从而进行化合物的鉴定。

3.3.4　HPLC-PDA 分析海菜花酚类化合物单体的含量

以绿原酸、咖啡酸、香草酸、槲皮素、木犀草素作为标准品，制作标准曲线，获得的线性方程见表3-1，用于定量分析样品中结构相同或相似的单体化合物，样品中单体化合物的含量以毫克标准品当量每克提取物（mg/g 提取物）表示。总单体酚类化合物含量（TIPC）指的是定量分析的各酚类化合物单体的总和。

表 3-1　酚类化合物单体标准曲线方程

标准品	线性方程	R^2	线性范围/(μg/mL)
绿原酸	$y=2\times10^8x-5.79\times10^5$	0.999 5	3～60
咖啡酸	$y=5\times10^8x-4.09\times10^4$	0.999 8	3～60
香草酸	$y=4\times10^7x-3.65\times10^3$	0.998 5	3～60
槲皮素	$y=6\times10^8x-10^6$	0.999 3	3～60
木犀草素	$y=10^9x-3.60\times10^5$	0.999 4	3～60

3.3.5　数据处理

质谱数据的处理和分析采用 PeakView 2.2® 和 MultiQuant 3.0.2（AB Sciex，USA）软件进行。显著性检验采用 SPSS 17.0 统计软件进行。

3.4　结果与分析

3.4.1　海菜花多酚纯化后的得率及总酚含量

本试验用 80% 的甲醇超声波辅助提取海菜花多酚，并用 X-5 大孔吸附树脂进行纯化，然后采用福林-酚法分析其总酚含量（TPC），纯化后的多酚得率和

TPC 见表 3-2。由表 3-2 可知，海菜花多酚纯化后的得率为 34.00～48.95 mg/g 干重，并且以花苞提取得率最高、叶子次之、花梗最低，三者之间的差异具有统计学意义（$P<0.05$）。海菜花多酚提取物总酚含量为 257.62～388.19 mg/g 提取物，且以花苞含量最高，其次为花梗，叶子的含量最低。总酚含量花苞与花梗之间无统计学意义，但花苞与叶子之间、花梗与叶子之间具有统计学意义（$P<0.05$）。Dewanji A 等报道，水车前属（*Ottelia*）的其他种龙舌草（*Ottelia alismoides*）含有很高的多酚含量，然而，关于海菜花的多酚含量目前还没有相关文献进行比较。

表 3-2　海菜花花苞、花梗和叶子多酚得率及总酚(TPC)含量

部位	得率/(mg/g)	总酚含量(TPC)/(mg/g)
花苞	48.95±1.17 c	388.19±14.39 b
花梗	34.00±1.06 a	358.13±36.79 b
叶子	44.35±1.47 b	257.62±19.02 a

注：同一列不同字母表示差异具有统计学意义（$P<0.05$）。

3.4.2　酚类化合物单体的鉴定

海菜花花苞(A)、花梗(B)和叶子(C)多酚提取物的液质联用(HPLC-MS)总离子流图(TIC)见图 3-1，图中各化合物按照出峰先后顺序进行编号，分析鉴定中化合物的编号如无特别说明均指花苞中的。酚类化合物单体的详细鉴定结果见表 3-3，表 3-3 列出了各化合物的出峰时间、[M-H]⁻离子、主要的 MS 二级碎片离子以及各离子的相对丰度等信息。海菜花中鉴定出的酚类化合物的化学结构见图 3-2。

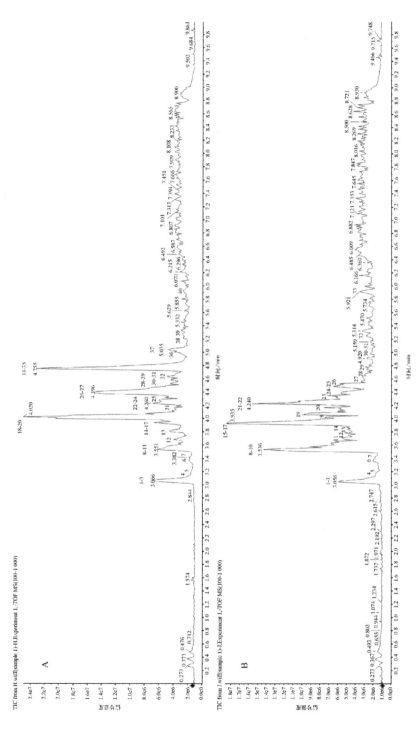

图 3-1　海菜花花苞（A）、花梗（B）和叶子（C）多酚提取物的液质联用（HPLC-MS）总离子流图（TIC）

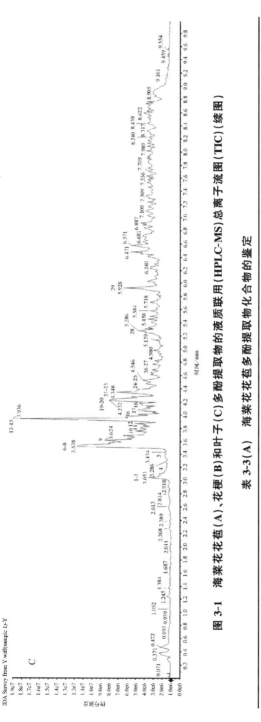

图 3-1　海菜花花苞(A)、花梗(B)和叶子(C)多酚提取物的液质联用(HPLC-MS)总离子流图(TIC)(续图)

表 3-3(A)　海菜花苞多酚提取物化合物的鉴定

峰号	出峰时间/min	一级质谱 MS^1 碎片 $[M-H]^-$/(m/z)	分子式 MF	主要的二级质谱 MS^2 碎片(相对丰度%)	鉴定的物质
1	3.038	191.062 4	$C_7H_{12}O_6$	191.062 7 (100)，173.051 3 (7)，127.045 1 (18)，109.033 8 (13)，93.038 2 (38)，87.012 8 (15)，85.033 1 (75)	奎宁酸
2	3.040	353.098 8	$C_{16}H_{18}O_9$	191.062 2 (100)	绿原酸[a]
3	3.058	707.205 7 $[2M-H]^-$	$C_{16}H_{18}O_9$	353.099 1 (39)，191.062 2 (100)	绿原酸二聚体
4	3.194	167.040 6	$C_8H_8O_4$	153.012 0 (18)，152.018 2 (70)，108.023 2 (100)	香草酸[a]
5	3.223	179.041 1	$C_9H_8O_4$	135.049 5 (100)，134.042 1 (33)	咖啡酸[a]
6	3.382	353.099 7	$C_{16}H_{18}O_9$	191.062 2 (100)	绿原酸异构体

续表 3-3(A)

峰号	出峰时间/min	一级质谱 MS¹ 碎片 [M-H]⁻/(m/z)	分子式 MF	主要的二级质谱 MS² 碎片（相对丰度%）	鉴定的物质
7	3.417	337.104 1	$C_{16}H_{18}O_8$	191.063 4 (100), 173.051 4 (6), 163.046 1 (7), 119.054 2 (10), 93.038 2 (10)	对香豆酰奎宁酸
8	3.533	133.018 6	$C_4H_6O_5$	133.019 1 (21), 115.007 7 (74), 72.995 5 (44), 71.016 2 (100)	苹果酸
9	3.535	295.055 5	$C_{13}H_{12}O_8$	179.041 5 (16), 135.049 5 (47), 133.018 7 (100), 115.007 2 (99), 71.016 3 (15)	咖啡酰苹果酸 I
10	3.540	591.107 3 [2M-H]⁻	$C_{13}H_{12}O_8$	295.057 3 (13), 179.041 6 (33), 135.504 (10), 133.018 7 (100), 115.007 7 (9)	咖啡酰苹果酸二聚体
11	3.549	367.115 2	$C_{17}H_{20}O_9$	193.057 7 (6), 191.062 6 (100), 173.051 6 (8), 134.042 1 (16), 93.037 8 (15)	5-O-阿魏酰奎宁酸 I
12	3.681	611.146 2	$C_{26}H_{28}O_{17}$	611.145 9 (100), 317.041 9 (18), 316.033 0 (93), 287.029 3 (6), 271.034 3 (15), 179.003 9 (3), 151.009 1 (2)	杨梅素-3-O-戊糖基己糖苷
13	3.807	479.098 4	$C_{21}H_{20}O_{13}$	479.096 8 (30), 317.041 2 (15), 316.032 1 (100), 287.029 2 (12), 271.033 6 (20), 270.026 6 (5), 179.004 8 (7), 151.009 1 (2)	杨梅素-3-O-葡萄糖苷
14	3.871	279.060 4	$C_{13}H_{12}O_7$	163.045 9 (63), 133.018 8 (76), 119.054 1 (100), 115.007 5 (53), 71.016 2 (28)	对香豆酰苹果酸
15	3.915	309.066 3	$C_{14}H_{14}O_8$	193.057 2 (40), 149.065 9 (7), 135.045 6 (6), 134.041 9 (100), 133.016 0 (6)	阿魏酰苹果酸 I

续表 3-3（A）

峰号	出峰时间/min	一级质谱 MS¹ 碎片 [M-H]⁻/(m/z)	分子式 MF	主要的二级质谱 MS² 碎片（相对丰度%）	鉴定的物质
16	3.926	193.057 5	$C_{10}H_{10}O_4$	178.034 3 (15)，135.045 1 (11)，134.042 5 (100)，133.034 6 (28)，117.039 2 (7)，89.043 3 (17)	阿魏酸
17	3.931	595.151 4	$C_{26}H_{28}O_{16}$	595.149 0 (99)，301.045 2 (95)，300.037 0 (100)，271.034 0 (22)，255.039 0 (14)，179.005 3 (7)，151.009 0 (8)	槲皮素-3-O-戊糖基葡萄糖苷
18	4.001	447.107 7	$C_{21}H_{20}O_{11}$	447.107 1 (25)，285.049 5 (100)，284.041 5 (54)	木犀草素-7-O-葡萄糖苷 I
19	4.033	895.225 4 [2M-H]⁻	$C_{21}H_{20}O_{11}$	447.107 2 (100)，285.050 8 (14)	木犀草素-7-O-葡萄糖苷二聚体
20	4.076	463.103 5	$C_{21}H_{20}O_{12}$	463.102 7 (32)，301.045 6 (50)，300.037 0 (100)，271.033 7 (23)，255.038 6 (18)，151.009 0 (8)	槲皮素-3-O-葡萄糖苷
21	4.169	579.152 5	$C_{26}H_{28}O_{15}$	579.157 7 (95)，285.050 8 (100)，284.042 5 (42)，255.039 0 (18)	木犀草素-7-O-(2"-O-戊糖基)己糖苷
22	4.227	505.115 7	$C_{23}H_{22}O_{13}$	505.114 8 (29)，301.045 8 (42)，300.037 1 (100)，271.034 3 (27)，255.039 2 (18)，151.009 1 (6)	槲皮素-3-O-(6"-O-乙酰化)葡萄糖苷 I
23	4.228	549.107 7	$C_{24}H_{22}O_{15}$	505.116 3 (70)，301.047 1 (69)，300.038 5 (100)，271.034 8 (24)，255.038 8 (11)，151.008 9 (5)	槲皮素-3-O-丙二酰化己糖苷
24	4.252	431.113 0	$C_{21}H_{20}O_{10}$	431.111 9 (54)，269.054 8 (47)，268.046 5 (100)	芹菜素-7-O-葡萄糖苷
25	4.289	461.125 0	$C_{22}H_{22}O_{11}$	461.110 2 (100)，446.101 5 (70)，299.066 1 (25)，298.059 1 (35)，284.043 1 (15)，283.035 0 (95)，255.039 2 (80)	鸢尾黄素-7-O-葡萄糖苷（鸢尾苷）

续表 3-3（A）

峰号	出峰时间/min	一级质谱 MS¹ 碎片 [M-H]⁻/(m/z)	分子式 MF	主要的二级质谱 MS² 碎片（相对丰度%）	鉴定的物质
26	4.377	489.120 5	$C_{23}H_{22}O_{12}$	489.118 9 (30)、285.049 3 (100)、284.041 4 (40)	木犀草素-乙酰化己糖苷 I
27	4.380	533.111 7	$C_{24}H_{22}O_{14}$	489.120 0 (75)、285.050 5 (100)、284.042 3 (35)	木犀草素-O-丙二酰化己糖苷
28	4.489	447.109 3	$C_{21}H_{20}O_{11}$	447.108 8 (15)、285.050 3 (100)、284.043 8 (6)	木犀草素-7-O-葡萄糖苷 II
29	4.540	489.167 1	$C_{23}H_{22}O_{12}$	489.120 1 (36)、285.050 5 (100)、284.042 6 (47)、255.039 1 (6)	木犀草素-乙酰化己糖苷 II
30	4.582	269.054 0	$C_{15}H_{10}O_{5}$	269.054 4 (100)、225.063 9 (7)、159.050 6 (13)、117.038 6 (50)、63.025 0 (15)	芹菜素异构体
31	4.589	299.065 5	$C_{16}H_{12}O_{6}$	299.065 4 (29)、285.045 0 (13)、284.040 9 (100)、256.044 5 (12)、227.041 7 (8)、151.008 4 (6)、133.032 9 (1)	香叶木素
32	4.681	301.046 6	$C_{15}H_{10}O_{7}$	301.046 1 (51)、179.004 8 (28)、151.009 4 (100)、121.034 1 (33)、107.017 9 (27)	槲皮素 [a]
33	4.757	571.106 0 [2M-H]⁻	$C_{15}H_{10}O_{6}$	285.050 5 (100)	木犀草素二聚体
34	4.769	285.048 8	$C_{15}H_{10}O_{6}$	285.047 6 (37)、175.044 4 (38)、151.007 2 (45)、133.033 1 (100)	木犀草素 [a]
35	4.782	301.044 1	$C_{15}H_{10}O_{7}$	301.045 8 (100)、257.055 0 (32)、255.038 9 (23)、193.020 5 (15)、165.025 6 (52)、151.012 8 (45)、149.029 8 (53)、137.029 2 (35)、133.034 1 (52)、121.033 8 (18)、109.033 3 (21)、107.026 5 (20)	桑色素

续表 3-3（A）

峰号	出峰时间/min	一级质谱 MS¹ 碎片 [M-H]⁻/(m/z)	分子式 MF	主要的二级质谱 MS² 碎片（相对丰度%）	鉴定的物质
36	5.024	269.055 9	$C_{15}H_{10}O_5$	269.054 7 (75)，225.063 8 (9)，151.009 1 (30)，149.029 8 (24)，117.038 6 (100)，107.017 8 (16)，65.005 7 (13)	芹菜素
37	5.036	299.067 3	$C_{16}H_{12}O_6$	299.065 6 (22)，285.045 3 (21)，284.041 4 (100)，256.046 1 (60)，255.038 7 (9)，227.043 3 (14)，151.009 0 (11)，133.032 9 (1)	金圣草黄素
38	5.236	665.196 1	$C_{30}H_{34}O_{17}$	665.195 3 (100)，503.119 5 (4)，299.067 2 (63)，298.058 9 (12)，284.041 1 (11)，283.034 7 (2)，255.038 1 (3)	鸢尾黄素-7-O-葡萄糖基-4'-O-乙酰化葡萄糖苷
39	5.290	327.229 4	—	327.218 1 (100)，229.153 6 (40)，211.142 9 (50)，171.109 9 (100)	未鉴定
40	5.931	309.217 9	—	309.210 2 (100)，291.206 4 (30)，247.217 7 (22)，221.164 4 (13)，125.101 2 (14)	未鉴定

表 3-3（B）　海菜花花梗多酚提取物化合物的鉴定

峰号	出峰时间/min	一级质谱 MS¹ 碎片 [M-H]⁻/(m/z)	分子式 MF	主要的二级质谱 MS² 碎片（相对丰度%）	鉴定的物质
1	3.049	191.058 7	$C_7H_{12}O_6$	191.058 2 (100)，171.031 6 (10)，127.041 5 (20)，109.030 8 (15)，93.035 7 (45)，85.030 3 (99)，59.014 5 (23)	奎宁酸
2	3.051	353.091 8	$C_{16}H_{18}O_9$	191.057 8 (100)	绿原酸[a]

续表 3-3(B)

峰号	出峰时间/min	一级质谱 MS¹ 碎片 [M-H]⁻/(m/z)	分子式 MF	主要的二级质谱 MS² 碎片（相对丰度%）	鉴定的物质
3	3.055	707.1910 [2M-H]⁻	$C_{16}H_{18}O_9$	353.0991 (39)，191.0622 (100)	绿原酸二聚体
4	3.163	167.0406	$C_8H_8O_4$	166.0688 (44)，152.0116 (100)，108.0219 (86)	香草酸[a]
5	3.206	179.0370	$C_9H_8O_4$	135.0466 (100)，134.0390 (40)	咖啡酸[a]
6	3.377	353.0921	$C_{16}H_{18}O_9$	191.0622 (100)	绿原酸异构体
7	3.416	337.0965	$C_{16}H_{18}O_8$	191.0587 (100)，163.0428 (9)，93.0360 (12)	对-香豆酰奎宁酸
8	3.526	133.0160	$C_4H_6O_5$	133.0159 (20)，115.0051 (65)，72.9940 (43)，71.0148 (100)	苹果酸
9	3.528	295.0499	$C_{13}H_{12}O_8$	179.0370 (14)，135.0461 (59)，133.0157 (100)，115.0045 (95)，71.0145 (16)	咖啡酰苹果酸 I
10	3.531	591.1072 [2M-H]⁻	$C_{13}H_{12}O_8$	295.0504 (13)，179.0376 (38)，133.0159 (100)，115.0052 (9)	咖啡酰苹果酸二聚体
11	3.652	295.0507	$C_{17}H_{20}O_9$	179.0376 (10)，135.0472 (32)，133.0161 (100)，115.0054 (70)，71.0152 (11)	咖啡酰苹果酸 II
12	3.785	367.1084	$C_{26}H_{28}O_{17}$	191.0585 (100)	5-O-阿魏酰奎宁酸 II
13	3.808	479.0893	$C_{21}H_{20}O_{13}$	479.0887 (40)，317.0357 (15)，316.0270 (100)，287.0238 (15)，271.0283 (25)，270.0211 (6)	杨梅素-3-O-葡萄糖苷
14	3.872	279.0553	$C_{13}H_{12}O_7$	163.0423 (50)，133.0159 (86)，119.0517 (100)，115.0051 (100)，71.0148 (24)	对-香豆酰苹果酸

续表 3-3（B）

峰号	出峰时间/ min	一级质谱 MS¹ 碎片 [M-H]⁻/(m/z)	分子式 MF	主要的二级质谱 MS² 碎片（相对丰度%）	鉴定的物质
15	3.916	309.065 6	$C_{26}H_{28}O_{16}$	193.053 0 (22)，134.038 5 (100)，133.016 0 (28)，115.005 1 (25)	阿魏酰苹果酸 I
16	3.927	193.053 5	$C_{14}H_{14}O_8$	178.029 9 (18)，135.042 6 (14)，134.038 7 (100)，133.031 3 (26)，89.040 8 (14)	阿魏酸
17	3.931	595.137 7	$C_{10}H_{10}O_4$	595.134 6 (80)，301.037 2 (95)，300.029 2 (100)，271.026 3 (18)，255.031 6 (14)，179.000 3 (7)，151.005 0 (8)	槲皮素-3-O-戊糖基葡萄糖苷
18	4.025	447.099 0	$C_{21}H_{20}O_{11}$	447.097 8 (29)，285.044 1 (100)，284.036 3 (42)	木犀草素-7-O-葡萄糖苷 I
19	4.068	463.093 8	$C_{21}H_{20}O_{12}$	463.092 7 (22)，301.039 1 (45)，300.030 7 (100)，271.027 7 (25)，255.032 8 (16)，151.005 9 (9)	槲皮素-3-O-葡萄糖苷
20	4.165	579.142 6	$C_{26}H_{28}O_{15}$	579.142 5 (75)，285.044 0 (100)，284.036 1 (50)，255.033 8 (18)，227.038 5 (7)	木犀草素-7-O-(2"-O-戊糖基)己糖苷
21	4.247	505.104 8	$C_{23}H_{22}O_{13}$	505.102 7 (15)，301.038 0 (42)，300.029 8 (100)，271.026 9 (15)，255.032 6 (12)，151.005 6 (6)	槲皮素-3-O-(6"-O-乙酰化)葡萄糖苷 I
22	4.249	549.095 1	$C_{24}H_{22}O_{15}$	505.104 1 (45)，301.039 5 (39)，300.031 0 (100)，271.028 5 (18)，255.033 6 (11)	槲皮素-3-O-丙二酰化葡萄糖苷 I
23	4.331	447.099 3	$C_{21}H_{20}O_{11}$	447.097 8 (80)，285.044 4 (43)，284.036 7 (100)，255.033 3 (62)，227.038 8 (42)	木犀草素-7-O-葡萄糖苷 III
24	4.400	489.109 8	$C_{21}H_{20}O_{10}$	489.108 3 (55)，285.044 4 (100)，284.036 3 (58)	木犀草素乙酰化己糖苷 I

续表 3-3(B)

峰号	出峰时间/min	一级质谱 MS¹ 碎片 [M-H]⁻/(m/z)	分子式 MF	主要的二级质谱 MS² 碎片（相对丰度%）	鉴定的物质
25	4.401	533.099 2	$C_{24}H_{22}O_{14}$	489.108 9 (100)，285.044 7 (95)，284.036 1 (41)	木犀草素-O-丙二酰化己己糖苷
26	4.498	489.109 4	$C_{23}H_{22}O_{12}$	489.108 3 (32)，285.043 6 (91)，284.035 9 (100)，255.032 9 (30)，227.038 2 (15)	木犀草素-乙酰化己糖苷II
27	4.608	299.060 2	$C_{16}H_{12}O_6$	299.059 7 (30)，285.038 6 (14)，284.036 3 (100)，256.038 5 (17)，227.038 7 (10)，151.006 4 (7)	香叶木素
28	4.687	301.039 2	$C_{15}H_{10}O_7$	301.039 4 (55)，179.001 7 (28)，151.005 8 (100)，121.030 5 (35)，107.014 4 (25)，65.002 8 (17)	槲皮素[a]
29	4.765	285.044 5	$C_{15}H_{10}O_6$	285 (100)，151.005 8 (33)，133.031 5 (99)	木犀草素[a]
30	5.031	269.143 0	$C_{15}H_{10}O_5$	269.050 5 (99)，225.064 0 (15)，151.004 9 (27)，149.030 4 (6)，117.036 2 (100)，107.017 5 (27)，65.005 2(20)	芹菜素
31	5.064	299.060 3	$C_{16}H_{12}O_6$	299.060 9 (27)，284.037 4 (100)，256.043 6 (26)，255.032 5 (6)，227.037 0 (6)，199.037 0 (9)，151.005 3 (9)，133.028 5 (7)	金圣草黄素
32	5.275	327.222 8	—	327.220 1 (100)，229.148 2 (35)，211.137 1 (55)，171.105 7 (67)	未鉴定
33	5.934	309.212 0	—	309.210 8 (100)，291.200 7 (42)，247.210 9 (17)，201.117 2 (20)，171.104 1 (16)，153.093 4 (5)，125.098 3 (5)	未鉴定

表 3-3(C)　海菜花叶子多酚提取物化合物的鉴定

峰号	出峰时间/min	一级质谱 MS¹ 碎片 [M-H]⁻/(m/z)	分子式 MF	主要的二级质谱 MS² 碎片（相对丰度%）	鉴定的物质
1	3.039	191.060 9	$C_7H_{12}O_6$	191.061 2 (100)，171.032 8 (11)，127.043 1 (20)，108.024 0 (12)，93.038 2 (42)，87.010 0 (13)，85.031 2 (68)	奎宁酸
2	3.041	353.095 8	$C_{16}H_{18}O_9$	191.060 1 (100)	绿原酸[a]
3	3.059	707.199 5 [2M-H]⁻	$C_{16}H_{18}O_9$	707.198 1 (6)，353.095 0 (59)，191.060 0 (100)	绿原酸二聚体
4	3.214	179.039	$C_9H_8O_4$	135.047 9 (100)，134.039 7 (56)	咖啡酸[a]
5	3.39	353.095 8	$C_{16}H_{18}O_9$	191.060 8 (100)	绿原酸异构体
6	3.522	133.016 7	$C_4H_6O_5$	133.017 4 (20)，115.006 1 (75)，72.994 4 (48)，71.015 1 (100)	苹果酸
7	3.525	295.052	$C_{13}H_{12}O_8$	179.038 4 (15)，135.047 5 (52)，133.016 5 (100)，115.005 5 (96)	咖啡酰苹果酸 I
8	3.554	591.110 5 [2M-H]⁻	$C_{13}H_{12}O_8$	295.052 7 (15)，179.039 3 (37)，135.048 1 (8)，133.017 0 (100)，115.006 3 (11)	咖啡酰苹果酸二聚体
9	3.650	295.050 2	$C_{13}H_{12}O_8$	179.037 6 (10)，135.047 2 (31)，133.016 1 (100)，115.005 4 (66)，71.015 2 (11)	咖啡酰苹果酸 II
10	3.788	367.110 1	$C_{17}H_{20}O_9$	191.059 9 (100)，93.036 7 (5)	5-O-阿魏酰奎宁酸 II
11	3.809	479.092	$C_{21}H_{20}O_{13}$	479.093 8 (50)，317.038 5 (10)，316.030 3 (100)，287.026 7 (10)，271.031 5 (21)	杨梅素-3-O-葡萄糖苷

续表 3-3（C）

峰号	出峰时间/min	一级质谱 MS¹ 碎片 [M-H]⁻/(m/z)	分子式 MF	主要的二级质谱 MS² 碎片（相对丰度%）	鉴定的物质
12	3.888	279.057 6	$C_{13}H_{12}O_7$	163.043 3 (59)，133.016 8 (82)，119.052 7 (100)，115.006 3 (50)，71.015 2 (25)	对香豆酰苹果酸
13	3.928	193.053 7	$C_{10}H_{10}O_4$	178.029 9 (20)，135.043 4 (12)，134.040 2 (100)，133.032 6 (27)，122.037 8 (10)，117.037 8 (10)，89.039 8 (13)	阿魏酸
14	3.931	595.144 7	$C_{26}H_{28}O_{16}$	595.141 4 (85)，301.045 2 (100)，300.032 7 (100)，271.029 2 (27)，255.034 6 (14)，179.002 2 (7)，151.006 7 (10)	槲皮素-3-O-戊糖基葡萄糖苷
15	4.000	309.068	$C_{14}H_{14}O_8$	193.055 3 (37)，161.028 3 (100)，134.040 1 (98)，133.030 8 (39)	阿魏酰苹果酸 II
16	4.029	447.102 1	$C_{21}H_{20}O_{11}$	447.103 5 (53)，285.047 8 (100)，284.040 2 (52)	木犀草素-7-O-葡萄糖苷 I
17	4.03	463.098 4	$C_{21}H_{20}O_{12}$	301.045 8 (60)，300.033 8 (100)，271.027 7 (40)，257.050 0 (27)，163.012 3 (24)，151.004 1 (12)	槲皮素-3-O-葡萄糖苷
18	4.178	579.147 7	$C_{26}H_{28}O_{15}$	285.048 0 (100)，284.039 8 (45)，255.039 08 (14)，227.040 5 (5)	木犀草素-7-O-(2″-O-戊糖基)己糖苷
19	4.21	505.108	$C_{23}H_{22}O_{13}$	505.109 7 (25)，301.043 3 (45)，300.034 4 (100)，271.030 9 (25)，255.036 4 (13)，151.007 5 (6)	槲皮素-3-O-(6″-O-乙酰化)葡萄糖苷 I
20	4.211	549.099 7	$C_{24}H_{22}O_{15}$	505.111 6 (50)，301.044 1 (40)，300.035 5 (100)，271.031 8 (27)，255.037 0 (10)，151.008 6 (5)	槲皮素-3-O-丙二酰基己糖苷

续表 3-3(C)

峰号	出峰时间/min	一级质谱 MS¹ 碎片 [M-H]⁻/(m/z)	分子式 MF	主要的二级质谱 MS² 碎片 (相对丰度%)	鉴定的物质
21	4.325	385.159 6	$C_{17}H_{22}O_{10}$	223.103 5 (59), 179.112 7 (100), 161.101 1 (63), 135.121 1 (36), 89.026 0 (29), 59.015 1 (38)	芥子酰基己糖苷
22	4.326	447.104 9	$C_{21}H_{20}O_{11}$	447.104 6 (74), 285.047 9 (47), 284.041 3 (100), 255.037 5 (85), 227.040 7 (61), 211.049 8 (5), 151.009 1 (5)	木犀草素-7-O-葡萄糖苷III
23	4.353	505.111 9	$C_{23}H_{22}O_{13}$	505.111 2 (51), 301.043 7 (33), 300.035 4 (100), 271.032 0 (28), 255.035 7 (14), 243.037 0 (5), 151.005 7 (6)	槲皮素-3-O-(6"-O-乙酰化)葡萄糖苷II
24	4.493	489.116 8	$C_{23}H_{22}O_{12}$	489.115 1 (28), 285.047 5 (89), 284.039 7 (100), 255.036 1 (30), 227.041 1 (15)	木犀草素乙酰化己糖苷II
25	4.494	533.105 4	$C_{24}H_{22}O_{14}$	489.116 4 (60), 285.047 2 (100), 284.039 1 (65), 255.036 5 (30), 227.041 8 (5)	木犀草素-O-丙二酰化己糖苷
26	4.66	301.042 6	$C_{15}H_{10}O_7$	301.042 4 (70), 179.002 4 (40), 151.005 8 (100), 121.032 0 (49), 107.015 2 (35)	槲皮素[a]
27	4.788	285.047 1	$C_{15}H_{10}O_6$	151.006 4 (11), 133.031 6 (100), 107.016 0 (10)	木犀草素[a]
28	5.27	327.226 6	—	327.225 4 (80), 291.205 0 (14), 229.150 2 (50), 221.139 9 (82), 183.144 7 (13), 171.107 2 (100), 85.031 7 (20)	未鉴定
29	5.928	309.215 3	—	309.214 1 (100), 291.205 2 (60), 247.213 6 (17), 201.118 1 (19), 171.107 5 (18), 125.100 4 (19)	未鉴定

注：a 表示通过标准品验证的化合物；I、II、III 表示具有相同质谱数据但出峰时间不同的同分异构体。

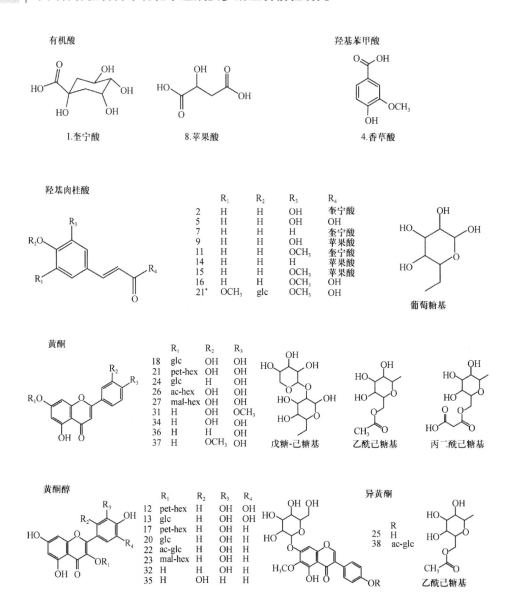

图 3-2　海菜花中鉴定出的酚类化合物的化学结构

（注：图中列出的编号除 21* 来自叶子，其他均来自花苞）

　　试验结果显示，从海菜花花苞、花梗和叶子多酚提取物中共鉴定出 44 种化合物，主要包括三大类：一是黄酮类（flavonoids），包括黄酮（flavones）、黄酮醇（flavonols）和异黄酮（isoflavones），为海菜花中最丰富的酚类化合物；二是酚酸类(phenolic acids),包括羟基苯甲酸(hydroxybenzoic acid)和羟基肉桂酸(hydroxycinnamic acids);三是有机酸类(organic acids),且花苞比花梗和叶子含有更丰富的酚类化合物。此外,各种酚类化合物单体在不同部位中的分布是不同的。如 5-O-阿魏酰奎宁酸Ⅰ、鸢尾黄素-7-O-葡萄糖苷(鸢尾苷)、鸢尾黄素-7-O-葡萄糖基-4′-O-乙酰化葡萄糖苷、桑色素、芹菜素-7-O-葡萄糖苷、木犀草素-7-O-葡萄糖苷Ⅱ、芹菜素异构体、木犀草素二聚体仅在花苞中鉴定出来;值得一提的是,鸢尾黄素-7-O-葡萄糖基-4′-O-乙酰化葡萄糖苷是一种鲜有报道的异黄酮,通过 Scifinder 数据库查新,该化合物与其他化合物的最高相似度为 94%。而阿魏酰苹果酸Ⅱ、芥子酰基己糖苷、槲皮素-3-O-(6″-O-乙酰基)-葡萄糖苷Ⅱ只在叶子中鉴定出来。各类化合物的分析鉴定过程如下:

1. 有机酸(organic acids)

在海菜花三个部位多酚提取物中鉴定出两种小分子有机酸,其二级质谱的裂解均有中性分子如 CO_2、CO 或 H_2O 的丢失。化合物 1 先产生一级质谱准分子离子峰,质核比(m/z)为 191.062 4 $[M-H]^-$,其二级质谱碎裂过程中分别脱去 1 分子 CO 和 2 分子 H_2O,产生奎宁酸的特征离子碎片 m/z 127.045 1 $[M-H-CO-2H_2O]^-$;另外,也观察到准分子离子峰脱去 1 分子 H_2O 产生的离子碎片:m/z 173.051 3 $[M-H-H_2O]^-$。因此,化合物 1 鉴定为奎宁酸。

化合物 8(叶子 6)鉴定为苹果酸,其一级质谱产生准分子离子峰 m/z 133.018 6 $[M-H]^-$,二级质谱裂解过程中脱去 1 分子 H_2O(18 Da),产生二级质谱碎片离子 m/z 115.007 7 $[M-H-H_2O]^-$,此离子继续脱去 1 分子 CO_2(44 Da)产生基峰离子 m/z 71.016 2 $[M-H-H_2O-CO_2]^-$(相对丰度 100%)。

2. 羟基苯甲酸(hydroxybenzoic acid)

分别在花苞和花梗中鉴定出一种羟基苯甲酸。化合物 4 一级质谱产生准分子离子峰 m/z 167.040 6 $[M-H]^-$,其二级质谱裂解过程中丢失 1 分子甲基 CH_3(15 amu)产生二级质谱碎片离子 m/z 152.018 2,此碎片离子进一步丢失 1 分子 CO_2(44 amu)产生基峰离子 m/z 108.023 2 $[M-H-CH_3-CO_2]^-$(相对丰度 100%)。其 MS、MS^2 碎片离子与文献报道的香草酸一致;并且通过与标准品比较,在相同质谱条件下其出峰时间和 MS、MS^2 碎片离子与香草酸标品完全相同。因此,化合物 4 鉴定为香草酸。

3. 羟基肉桂酸（hydroxycinnamic acids）

在海菜花中鉴定出许多游离的和酯化的羟基肉桂酸。化合物 2 先产生一级质谱准分子离子峰 m/z 353.098 8［M-H］$^-$，在二级质谱裂解中丢失 1 分子咖啡酰基（162 Da），产生奎宁酸的典型二级碎片离子 m/z 191.062 2 作为基峰（相对丰度 100%），其 ESI-MS/MS 质谱和可能的结构裂解途径见图 3-3。其二级质谱碎片离子与数据库给出的绿原酸二级碎片完全重合。另外，通过与标准品质谱数据比较，以及参考文献数据，化合物 2 鉴定为绿原酸。

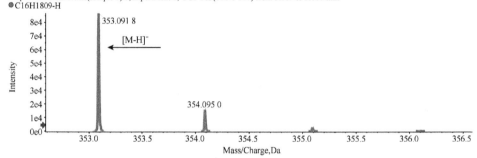

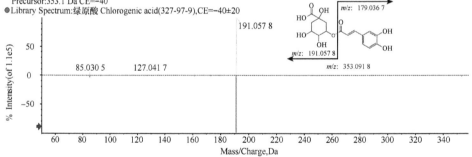

图 3-3　化合物 2 的 ESI-MS/MS 质谱和可能的结构裂解途径

化合物 6（叶子 5）产生的分子离子峰［M-H］$^-$ 以及 MS 二级碎片离子与化合物 2 完全一致，但出峰时间稍晚于化合物 2。因此，化合物 6 鉴定为绿原酸异构体。

化合物 3 先产生准分子离子 m/z 707.205 7［2M-H］$^-$，二级质谱碎裂过程中直接丢失一分子碎片离子 m/z 353.099 1 Da 后，产生绿原酸的特征二级碎片离子 m/z 353.099 1［M-H］$^-$，接下来的序列裂解与化合物 2 完全相同，因此鉴定为绿原酸二聚体。

化合物 5(叶子 4)具有一级质谱 MS^1 碎片离子 m/z 179.041 1 [M-H]$^-$,二级质谱碎裂过程中丢失 1 分子 CO_2,产生基峰离子 m/z 135.049 5 [M-H-CO_2]$^-$,为咖啡酸的特征离子碎片,通过与标准品质谱数据比较以及参考文献数据,此化合物鉴定为咖啡酸。

化合物 16(叶子 13)一级质谱碎裂产生准分子离子峰 m/z 193.057 5 [M-H]$^-$,二级质谱裂解产生碎片离子 m/z 134.042 5 [M-H-$C_2H_3O_2$]$^-$ 作为基峰,此碎片为阿魏酸的特征碎片,这与 Abu-Reidah 等报道的阿魏酸的质谱裂解一致,因此该化合物鉴定为阿魏酸。

一些羟基肉桂酸与其他有机酸之间形成的酯也在海菜花中鉴定出来。化合物 9(叶子 7)在一级质谱碎裂过程中产生准分子离子峰 m/z 295.055 5 [M-H]$^-$,在二级质谱裂解过程中由于其酰基结构的断裂,产生咖啡酸特征离子碎片 m/z 179.041 5 [caffeic acid - H]$^-$ 和苹果酸特征离子碎片 m/z 133.018 7 [malic acid-H]$^-$。这与 Papetti 等报道的咖啡酰苹果酸质谱裂解方式一致。因此,该化合物鉴定为咖啡酰苹果酸I,其 ESI-MS/MS 质谱和可能的结构裂解途径见图 3-4。

花梗中化合物 11(叶子 9)具有与化合物 9 相同的质谱裂解方式和离子碎片,但出峰时间较晚,因此鉴定为咖啡酰苹果酸Ⅱ。

化合物 10(叶子 8)具有一级质谱准分子离子峰 m/z 591.110 5 [2M-H]$^-$,在二级质谱碎裂过程中直接丢失一个碎片离子,产生 MS 二级碎片离子 m/z 295.052 7 [M-H]$^-$,之后的序列裂解方式与化合物 9 完全一样。因此,该化合物鉴定为咖啡酰苹果酸二聚体。

根据上述化合物 9 的裂解规律,鉴定出一系列其他化合物。化合物 7(花苞和花梗中)在一级质谱碎裂过程中产生分子离子峰 m/z 337.104 1 [M-H]$^-$,在二级质谱裂解过程中其酰基结构的断裂,产生对-香豆酸特征离子碎片 163.046 1 m/z [p-coumaric acid - H]$^-$ 和奎宁酸特征离子碎片 m/z 191.063 4 [quinic acid-H]$^-$,这与文献报道的对-香豆酰奎宁酸的质谱裂解一致,因此化合物 7 鉴定为对-香豆酰奎宁酸。

化合物 11(花梗 12,叶子 10),在一级质谱碎裂过程中产生准分子离子峰 m/z 367.115 2 [M-H]$^-$,在二级质谱裂解过程中由于其酰基结构的断裂,产生阿魏

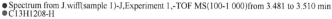

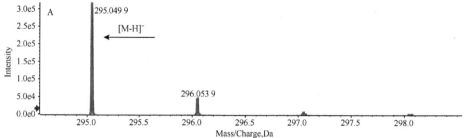

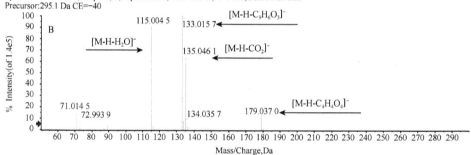

图 3-4　化合物 9 的 ESI-MS/MS 质谱(A、B)和可能的结构裂解途径(C)

酸特征离子碎片 m/z 193.057 7 [ferulic acid-H]⁻ 和奎宁酸特征离子碎片 m/z 191.062 6 [quinic acid - H]⁻，这与文献报道的 5-O-阿魏酰奎宁酸质谱裂解一致。因此，化合物 11 鉴定为 5-O-阿魏酰奎宁酸。

化合物 14(叶子 12)一级质谱碎裂产生准分子离子峰 m/z 279.060 4 [M-H]⁻，二级质谱裂解过程中由于其酰基结构的断裂，产生苹果酸特征离子碎片 m/z 133.018 8 [malic acid-H]⁻ 和对-香豆酸特征离子碎片 m/z 163.045 9 [p-

coumaric acid-H]⁻,这与文献报道的对-香豆酰苹果酸质谱裂解一致,因此化合物 14 鉴定为对-香豆酰苹果酸。

化合物 15 一级质谱碎裂产生准分子离子峰 309.066 3 [M-H]⁻,二级质谱裂解过程中由于其酰基结构的断裂,产生阿魏酸特征离子碎片 m/z 193.057 2 [malic acid - H]⁻和苹果酸特征碎片 m/z 134.041 9,这与文献报道的阿魏酰苹果酸质谱裂解一致。因此,化合物 15 鉴定为阿魏酰苹果酸。

此外,在叶子中鉴定出一种糖苷化的羟基肉桂酸——芥子酰己糖苷(叶子21)。其首先产生一级质谱准分子离子峰 m/z 385.159 6 [M-H]⁻,二级质谱裂解脱去 1 分子己糖基(hexosyl)(162 Da),产生芥子酸特征碎片 m/z 223.103 5 [M-H-hexosyl]⁻,此碎片进一步脱去 1 分子 CO_2(44 Da),产生碎片离子 m/z 179.112 7 [M-H-hexosyl-CO_2]⁻。接下来,离子碎片 m/z 179.112 7 分别脱去 1 分子 H_2O 和 1 分子 CO_2,产生碎片离子 m/z 161.101 1 [M-H-hexosyl-CO_2-H_2O]⁻ 和 m/z 135.121 1 [M-H-hexosyl-2CO_2]⁻。这与 Abu-Reidah 和 Oszmiański 等的报道一致,其 ESI-MS/MS 质谱图谱见图 3-5。

Spectrum from J.wiff(sample 1)-Y,Experiment 1,-TOF MS(100-1 000)from 4.346 to 4.374 min

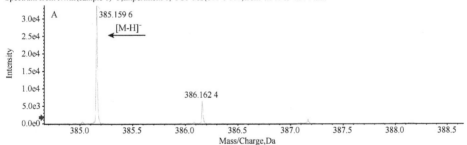

Spectrum from J.wiff(sample 1)-J,Experiment 8,-TOF MS^2(50-1 000)from 4.325 min
Precursor:385.2 Da CE=-40

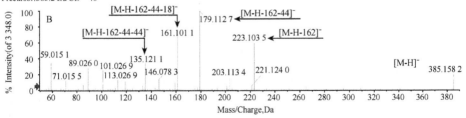

图 3-5 化合物 21(叶子)的一级质谱 MS¹(A)和二级质谱 MS²(B)图谱

4. 黄酮类(flavonoids)

黄酮类(flavonoids),包括黄酮(flavones)、黄酮醇(flavonols)和异黄酮(isoflavones),以及它们的糖苷,是海菜花中最丰富的酚类化合物,其中,木犀草素和槲皮素以及它们的糖苷是最典型的代表。大体上,在质谱的裂解过程中,这些黄酮类糖苷通过糖苷键的断裂脱去糖基基团后,产生相应的苷元离子或者自由基苷元离子作为基峰。

(1)黄酮

化合物34(花梗29,叶子27),其一级质谱产生准分子离子峰 m/z 285.048 8 [M-H]⁻,由于逆狄尔斯-阿德尔反应(retro Diels-Alder reaction,RDA 反应)(1,3 号位置断裂),二级质谱产生离子碎片 m/z 151.007 2 和 133.033 1。碎片离子峰 m/z 133.033 1 作为基峰(相对丰度 100%),其结构稳定,含量丰富。其二级质谱碎片离子与质谱数据库给出的木犀草素二级碎片完全重合。另外,通过与标准品质谱数据比较,以及参考文献数据,该化合物鉴定为木犀草素,其 ESI-MS/MS 质谱和可能的结构裂解途径见图 3-6。

花苞中化合物 33,其质谱裂解产生准分子离子峰 m/z 571.106 0 [2M-H]⁻ 以及二级碎片离子 m/z 285.050 5 [M-H]⁻,对应于准分子离子峰直接丢失 1 分子离子碎片 m/z 285.050 5 Da,因此该化合物鉴定为木犀草素二聚体。

花苞中化合物 19,具有准分子离子峰 m/z 895.225 4 [2M-H]⁻ 和二级质谱离子碎片 m/z 447.107 2,其对应于准分子离子直接丢失 1 分子离子碎片 m/z 447.107 2,因此该化合物鉴定为木犀草素-7-O-葡萄糖苷二聚体。

化合物 36(花梗 30)一级质谱裂解产生准分子离子峰 m/z 269.055 9 [M-H]⁻,二级质谱碎裂丢失 1 分子 CO_2(44 Da),产生离子碎片 m/z 225.063 8 [M-H-CO_2]⁻;同时,准分子离子碎片 m/z 269.055 9 通过 RDA 反应(1,3 位置断裂)产生碎片离子 m/z 151.009 1 和 117.038 6。根据元素组成分析,该化合物分子式为 $C_{15}H_{10}O_5$。其二级谱图与数据库中芹菜素的质谱数据完全重合,并与文献报道的芹菜素质谱数据信息一致,因此该化合物鉴定为芹菜素,其 ESI-MS/MS 质谱和可能的结构裂解途径见图 3-7。

花苞中化合物 30 的一级质谱碎片和主要的二级质谱碎片与化合物 36 相同,但是出峰时间较早,因此鉴定为芹菜素异构体。

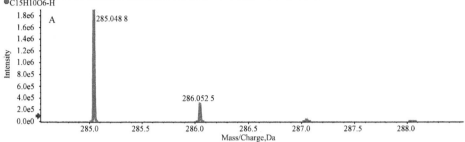

● Spectrum from H.wiff(sample 1)-H,Experiment 1,-TOF MS(100-1 000)from 4.765 to 4.793 min
● C15H10O6-H

● Spectrum from H.wiff(sample 1)-H,Experiment 4,-TOF MS^2(50-1 000)from 4.769 min
Precursor:285.0 Da CE=-40
● Library Spectrum:木犀草素 Luteolin(491-70-3),CE=-40±20

图 3-6　化合物 34 的 ESI-MS/MS 质谱(A、B)和可能的结构裂解途径(C)

Spectrum from H.wiff(sample 1)-H,Experiment 1,-TOF MS(100-1 000)from 5.045 to 5.073 min

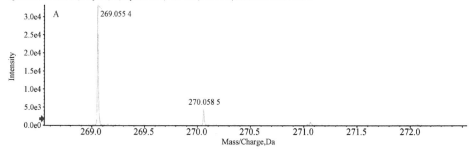

● Spectrum from H.wiff(sample 1)-H,Experiment 7,-TOF MS^2(50-1 000)from 5.024 min
　Precursor:269.1 Da CE=−40
● Library Spectrum:芹菜素 Apigenin(520-36-5),CE=−40±20

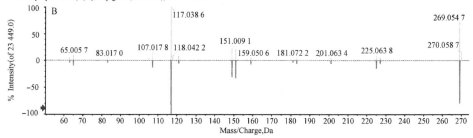

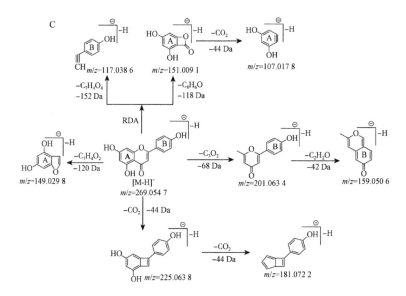

图 3-7　化合物 36 的 ESI-MS/MS 质谱(A、B)和可能的结构裂解途径(C)

糖苷化的黄酮在海菜花花苞中占据主导地位。化合物 18(叶子 16)一级质谱裂解产生准分子离子 m/z 447.107 7 [M-H]⁻,二级碎裂失去 1 分子葡萄糖基(glucosyl)(162 Da),产生木犀草素的典型碎片离子 m/z 285.049 5 [M-H-162]⁻作为基峰(相对丰度 100%),接下来基峰离子 m/z 285.049 5 的裂解方式与化合物 34 木犀草素一致。该化合物的二级质谱图与质谱数据库木犀草素-7-O-葡萄糖苷质谱数据完全重合,并与文献报道的一致。因此,该化合物鉴定为木犀草素-7-O-葡萄糖苷 I,其 ESI-MS/MS 质谱和可能的结构裂解途径见图 3-8。

花苞中化合物 28 鉴定为木犀草素-7-O-葡萄糖苷 II,其产生的准分子离子和二级碎片离子与木犀草素-7-O-葡萄糖苷 I 完全相同,但是出峰时间较晚。按照上述相同的鉴定方法,在花梗(23)和叶子(22)中还鉴定出了木犀草素-7-O-葡萄糖苷 III。

● Spectrum from H.wiff(sample 1)-H,Experiment 1,-TOF MS(100-1 000)from 3.953 to 3.981 min
● $C_{21}H_{20}O_{11}$-H

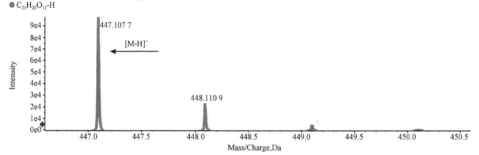

● Spectrum from H.wiff(sample 1)-H,Experiment 6, -TOF MS^2(50-1 000)from 4.001 min
　Precursor:447.1 Da CE=−40
● Library Spectrum:椰草苷(木犀草苷) Luteolin-7-O-β-D-glucoside(5373-11-5),CE=−40±20

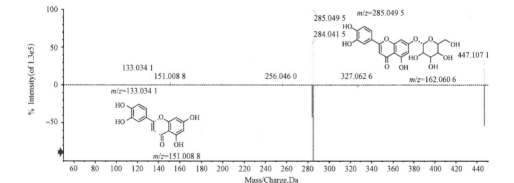

图 3-8　化合物 18 的 ESI-MS/MS 质谱和可能的结构裂解途径

其他的黄酮糖苷,其质谱裂解方式大体上与化合物 18 相同。化合物 21(花梗 20,叶子 18)具有一级质谱碎片 m/z 579.152 5 [M-H]$^-$,其在二级质谱裂解中失去戊糖-己糖基(pentosyl-hexosyl)(294 Da),产生木犀草素苷元特征离子碎片 m/z 285.050 8 [M-H-294]$^-$ 作为基峰(相对丰度 100%),这与文献报道的木犀草素-7-O-(2″-O-戊糖基)己糖苷质谱信息一致。因此,该化合物鉴定为木犀草素-7-O-(2″-O-戊糖基)己糖苷。

花苞中化合物 26(花梗 24)具有一级质谱碎片 m/z 489.120 5 [M-H]$^-$,二级裂解脱去乙酰化己糖基(acetyl-hexosyl)(204 Da),产生木犀草素的特征离子碎片 m/z 285.049 3 [M-H-204]$^-$ 作为基峰(相对丰度 100%),这与文献报道一致,因此该化合物鉴定为木犀草素-乙酰化己糖苷Ⅰ。

化合物 29(花梗 26,叶子 24)与木犀草素-乙酰化己糖苷Ⅰ具有相同的质谱裂解方式和离子碎片,但出峰时间较晚,因此鉴定为木犀草素-乙酰化己糖苷Ⅱ。

化合物 27(花梗 25,叶子 25)具有一级质谱碎片 m/z 533.111 7 [M-H]$^-$,二级裂解首先脱去 1 分子 CO_2 产生碎片离子 m/z 489.120 0(相对丰度为 75%)[M-H-44]$^-$,然后再脱去乙酰化己糖基(acetyl-hexosyl)(204 Da),产生木犀草素苷元特征离子碎片 m/z 285.050 5 [M-H-44-204]$^-$ 作为基峰(相对丰度 100%),另外二级裂解也产生了木犀草素自由基苷元离子碎片 m/z 284.042 3 [M-H-44-204-H]$^-$ ·(相对丰度 35%),这与文献报道的木犀草素-O-丙二酰化己糖苷的质谱数据一致,因此该化合物鉴定为木犀草素-O-丙二酰化己糖苷,其 ESI-MS/MS 质谱和可能的裂解途径见图 3-9。

花苞中的化合物 24 具有一级质谱碎片 m/z 431.113 0 [M-H]$^-$,二级质谱裂解产生芹菜素的特征离子碎片 m/z 269.054 8(相对丰度 47%)和基峰离子碎片 268.046 5(相对丰度 100%),这与质谱数据库中芹菜素-7-O-葡萄糖苷的谱图完全重合,并与文献报道的一致,因此该化合物鉴定为芹菜素-7-O-葡萄糖苷,其 ESI-MS/MS 质谱和可能的结构裂解途径见图 3-10。

化合物 37(花梗 31)和 31(花梗 27)质谱裂解产生准分子离子峰 m/z 299.06 [M-H]$^-$,然后脱去 1 个甲基(—CH_3)(15 amu)产生基峰离子碎片 m/z 284.04 [M-H-CH$_3$]$^-$(丰度 100%),此基峰离子进一步裂解脱去 CO 分子产生离子碎片 m/z 256.04 [M-H-CH$_3$-CO]$^-$ 和自由基离子碎片 227.04 [M-H-CH$_3$-2CO-

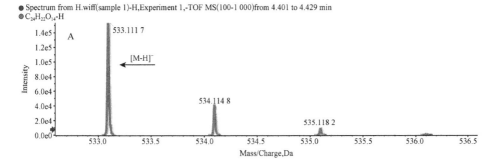

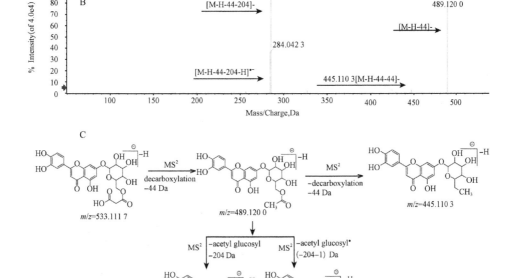

图 3-9　化合物 27 的 ESI-MS/MS 质谱(A、B)和可能的结构裂解途径(C)

H]⁻˙;同时,由于 RDA 反应(1,3 位置断裂)裂解产生二级质谱碎片离子 m/z 151.00 [M-H-CH₃-C₈H₅O₂]⁻ 和 133.03 [M-H-CH₃-C₇H₃O₄]⁻,这与质谱数据库谱图重合,与文献报道的质谱信息一致,因此这两个化合物分别鉴定为金圣草黄素(木犀草素-3′-甲基醚)和香叶木素(木犀草素-4′-甲基醚),二者区别仅仅在于 B-环上甲氧基(—CH₃O)的位置(前者的甲氧基位于 C′3 号位,后者位于 C′4

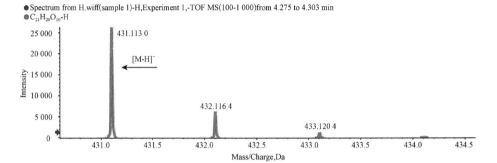

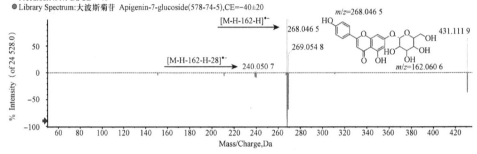

图 3-10　化合物 24 的 ESI-MS/MS 质谱和可能的结构裂解途径

号位),因此二者互为同分异构体。化合物 37 的 ESI-MS/MS 谱图和可能的结构裂解途径见图 3-11。

（2）黄酮醇

海菜花中另一种含量丰富的黄酮类化合物是黄酮醇,尤其是槲皮素的糖苷形式最为丰富,这与前人报道的槲皮素在植物中主要以高亲水性糖基化形式（尤其以各种糖的 β-糖苷化形式）存在一致。

化合物 32（花梗 28、叶子 26）,其质谱裂解产生准分子离子峰 m/z 301.046 6 [M-H]$^-$,通过 RDA 裂解反应（1,2 位置裂解）产生二级碎片离子 m/z 179.004 8 和 121.034 1。碎片离子 m/z 179.004 8 进一步丢失 1 分子 CO（28 Da）产生离子碎片 m/z 151.009 4 作为基峰（相对丰度 100%）,这与质谱数据库槲皮素图谱完全重合,与文献报道的槲皮素质谱裂解信息一致,并且通过与标准品进行比较,该化合物鉴定为槲皮素。该化合物的 ESI-MS/MS 谱图和可能的结构裂解途径见图 3-12。

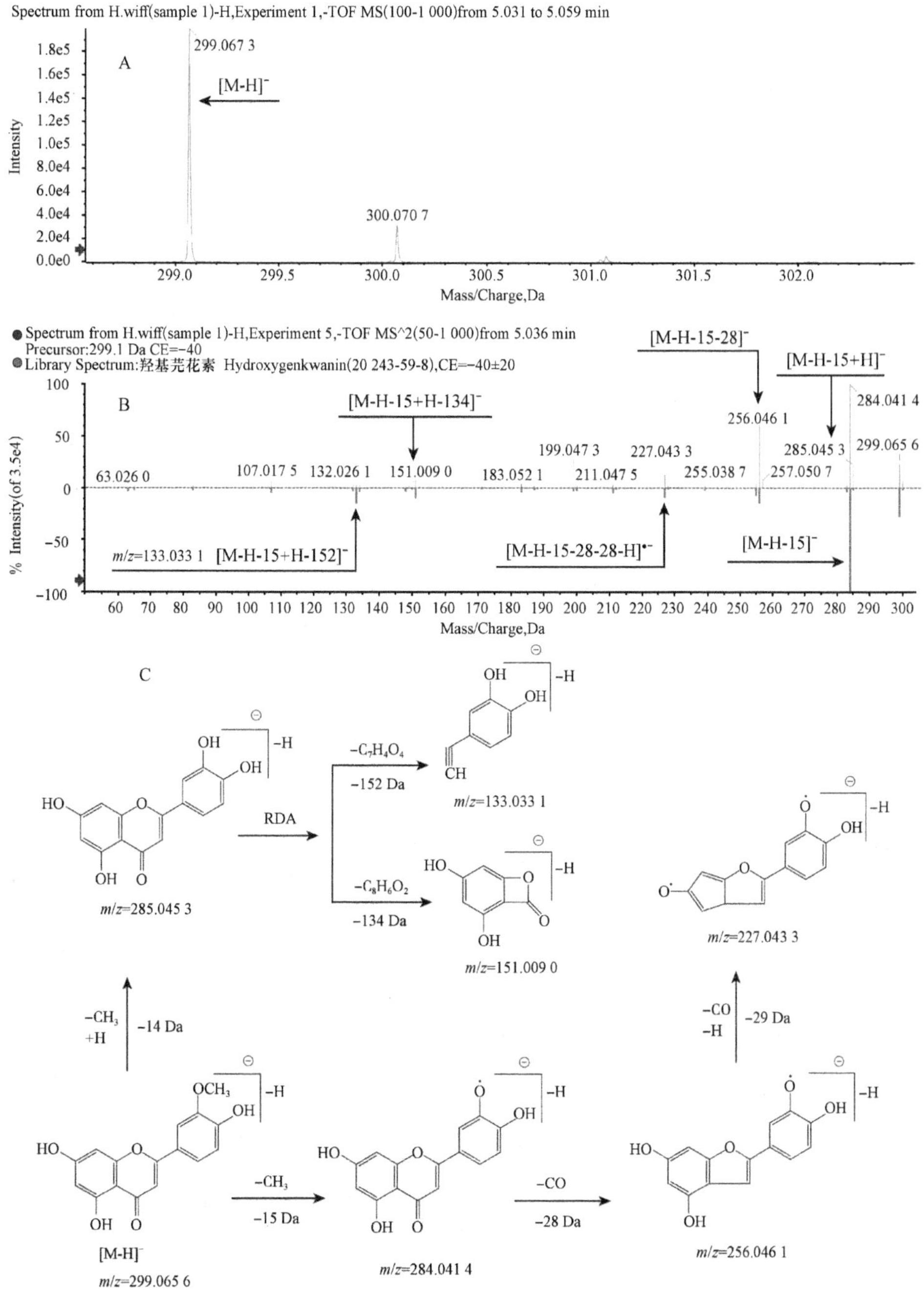
Spectrum from H.wiff(sample 1)-H,Experiment 1,-TOF MS(100-1 000)from 5.031 to 5.059 min
A
299.067 3
[M-H]⁻
300.070 7
Intensity
Mass/Charge,Da
Spectrum from H.wiff(sample 1)-H,Experiment 5,-TOF MS^2(50-1 000)from 5.036 min
Precursor:299.1 Da CE=-40
Library Spectrum:羟基芫花素 Hydroxygenkwanin(20 243-59-8),CE=-40±20
B
[M-H-15-28]⁻
[M-H-15+H]⁻
[M-H-15+H-134]⁻
284.041 4
256.046 1
285.045 3
299.065 6
63.026 0
107.017 5
132.026 1
151.009 0
183.052 1
199.047 3
211.047 5
227.043 3
255.038 7
257.050 7
m/z=133.033 1 [M-H-15+H-152]⁻
[M-H-15-28-28-H]•⁻
[M-H-15]⁻
% Intensity(of 3.5e4)
Mass/Charge,Da
C
RDA
-C7H4O4
-152 Da
m/z=133.033 1
-C8H6O2
-134 Da
m/z=151.009 0
m/z=285.045 3
m/z=227.043 3
-CH3
+H
-14 Da
-CO
-H
-29 Da
-CH3
-15 Da
-CO
-28 Da
[M-H]⁻
m/z=299.065 6
m/z=284.041 4
m/z=256.046 1

图 3-11　化合物 37 的 ESI-MS/MS 谱图(A、B)和可能的结构裂解途径(C)

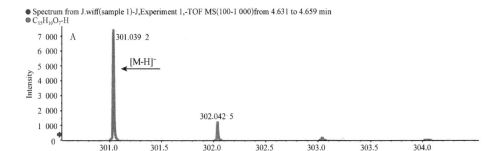

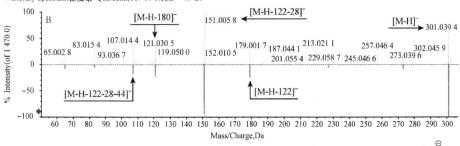

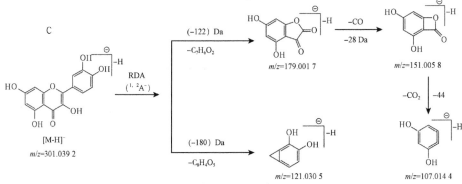

图3-12 化合物32的ESI-MS/MS谱图(A、B)和可能的结构裂解途径(C)

化合物35,仅在花苞中鉴定出,其质谱裂解产生准分子离子峰 m/z 301.044 1 [M-H]$^-$,二级裂解丢失1个中性分子 CO_2,产生二级碎片离子 m/z 257.055 0 [M-H-CO$_2$]$^-$,并产生二级碎片离子 m/z 193.020 5 [M-H-C$_6$H$_4$O$_2$]$^-$;同时,准分子离子峰 m/z 301.044 1 通过 RDA 裂解反应(1,3 位置裂解)产生二级碎片 m/z 151.012 8(相对丰度45%)和149.029 8(相对丰度53%),其主要离子碎片与数据库桑色素的谱图重合,并且与文献报道的桑色素质谱数据一致。因此,该化合物鉴定为桑色素。

黄酮醇的结合物根据糖基连接在其苷元上的位置进行表征。化合物 17(叶子 14)产生准分子离子峰 595.151 4 [M-H]⁻,二级裂解丢失戊糖-葡萄糖基(pentosyl-glucosyl)(294 Da),产生槲皮素自由基苷元特征离子碎片 m/z 300.037 0 [M-H-294-H]⁻˙(相对丰度 100%)和槲皮素苷元特征离子碎片 m/z 301.045 2 [M-H-294]⁻(相对丰度 95%),随后的质谱裂解方式和产生的主要离子碎片与槲皮素(化合物 32)的一致,初步推测该化合物是一个戊糖-葡萄糖基接在槲皮素上形成的槲皮素糖苷,再根据 Ablajan 等的报道"3-O 位置糖基化的黄酮醇,质谱裂解产生的自由基苷元离子相对丰度高于苷元离子的相对丰度",推测该化合物的糖基化位置应该位于 3-O,因此,该化合物鉴定为槲皮素-3-O-戊糖基葡萄糖苷,且其质谱数据信息与文献报道的一致。该化合物的 ESI-MS/MS 质谱及可能的裂解途径见图 3-13。

根据上述化合物 17 的鉴定方法,鉴定出其他的一些黄酮醇-3-O-糖苷。化合物 20(花梗 19,叶子 17)具有一级质谱碎片 m/z 463.103 5 [M-H]⁻,二级裂解脱去 1 分子葡萄糖基(glucosyl)(162 Da),产生槲皮素自由基苷元特征离子碎片 m/z 300.037 0 [M-H-162-H]⁻˙(相对丰度 100%)和槲皮素苷元特征离子碎片 m/z 301.045 6 [M-H-162]⁻(相对丰度 50%),随后的质谱裂解方式和产生的主要离子碎片与槲皮素(化合物 32)的一致,再结合 Ablajan 等的理论,推测该化合物为槲皮素-3-O-葡萄糖苷,其谱图信息与质谱数据库重合,与文献报道的一致。该化合物的 ESI-MS/MS 质谱及可能的裂解途径见图 3-14。

化合物 22(花梗 21,叶子 19)具有一级质谱碎片 m/z 505.115 7 [M-H]⁻,二级裂解脱去一个乙酰化糖基(acetyl-glucosyl)(204 Da),产生槲皮素自由基苷元特征离子碎片 m/z 300.037 1 [M-H-204-H]⁻˙(相对丰度 100%)和槲皮素苷元特征离子碎片 m/z 301.045 8 [M-H-204]⁻(相对丰度 42%),随后的质谱裂解方式和产生的主要离子碎片与槲皮素(化合物 32)一致,因此该化合物鉴定为槲皮素-3-O-(6″-O-乙酰化)葡萄糖苷Ⅰ。

叶子中化合物 23 具有与化合物 22 相同的质谱裂解方式和碎片信息,但出峰时间较晚,因此鉴定为槲皮素-3-O-(6″-O-乙酰化)葡萄糖苷Ⅱ,此化合物仅在叶子中鉴定出来。

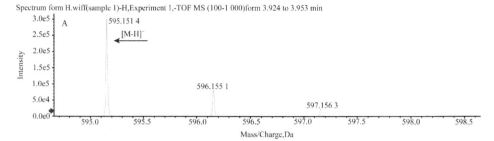

Spectrum form H.wiff(sample 1)-H,Experiment 1,-TOF MS (100-1 000)form 3.924 to 3.953 min

Spectrum form H.wiff(sample 1)-H,Experiment 7,-TOF MS^2(50-1 000)form 3.931 min
Precursor:595.2 Da CE=-40

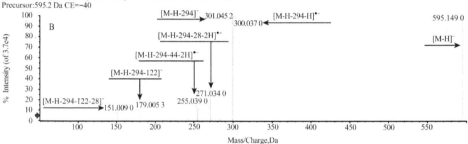

图 3-13　化合物 17 的 ESI-MS/MS 质谱(A、B)和可能的结构裂解途径(C)

化合物 23(花梗 22,叶子 20)具有一级质谱碎片 m/z 549.107 7 $[M-H]^-$,二级裂解失去一个丙二酰化己糖基(malonyl-hexosyl)(248 Da),产生槲皮素自由基苷元特征离子碎片 m/z 300.038 5 $[M-H-248-H]^{-\bullet}$(相对丰度 100%)和槲皮素苷元特征离子碎片 m/z 301.047 1 $[M-H-248]^-$(相对丰度 69%),随后的质谱

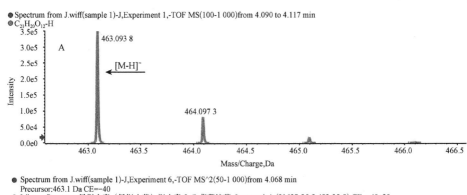

● Spectrum from J.wiff(sample 1)-J,Experiment 1,-TOF MS(100-1 000)from 4.090 to 4.117 min
● $C_{21}H_{20}O_{12}$-H

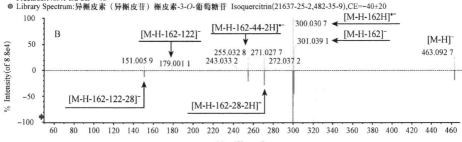

● Spectrum from J.wiff(sample 1)-J,Experiment 6,-TOF MS^2(50-1 000)from 4.068 min
Precursor:463.1 Da CE=-40
● Library Spectrum:异槲皮素（异槲皮苷）槲皮素-3-O-葡萄糖苷 Isoquercitrin(21637-25-2,482-35-9),CE=-40±20

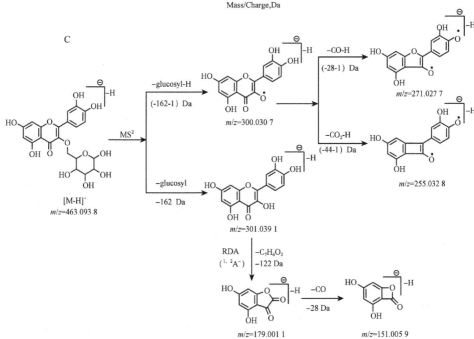

图 3-14 化合物 20 的 ESI-MS/MS 质谱(A、B)和可能的结构裂解途径(C)

裂解方式和产生的主要离子碎片与槲皮素(化合物 32)一致,因此该化合物鉴定为槲皮素-3-O-丙二酰化己糖苷。

花苞中的化合物 12 具有一级质谱碎片 m/z 611.146 2 [M-H]$^-$,二级裂解失去一个戊糖-己糖基(pentosyl-hexosyl)(294 Da),产生杨梅素自由基苷元特征离子碎片 m/z 316.033 0 [M-H-294-H]$^-$·(相对丰度 93%)和杨梅素苷元特征离子碎片 m/z 317.041 9 [M-H-294]$^-$(相对丰度 18%),随后的质谱裂解方式和产生的主要离子碎片与杨梅素一致,因此该化合物鉴定为杨梅素-3-O-戊糖基己糖苷。

化合物 13(叶子 11)具有一级质谱碎片 m/z 479.098 4 [M-H]$^-$,二级裂解失去一个己糖基(hexosyl)(162 Da),产生杨梅素自由基苷元特征离子碎片 m/z 316.032 1 [M-H-294-H]$^-$·(相对丰度 100%)和杨梅素苷元特征离子碎片 m/z 317.041 2 [M-H-294]$^-$(相对丰度 15%),随后的质谱裂解方式和产生的主要离子碎片与杨梅素一致,因此该化合物鉴定为杨梅素-3-O-葡萄糖苷。

(3)异黄酮

在海菜花花苞中检测出两种异黄酮糖苷。花苞中的化合物 25 产生准分子离子峰 m/z 461.125 0 [M-H]$^-$,其二级裂解首先脱去 1 分子甲基(CH_3)产生二级碎片离子 m/z 446.101 5 [M-H-CH_3]$^-$,接着再脱去 1 分子葡萄糖基(glucosyl)(162 Da)和 H·,产生碎片离子 m/z 283.035 0(相对丰度 95%)[M-H-CH_3-glucosyl-H]$^-$·;或者准分子离子峰 m/z 461.125 0 先脱去 1 分子葡萄糖基(glucosyl)(162 Da),产生鸢尾黄素自由基苷元离子 m/z 298.059 1 [M-H-glucosyl-H]$^-$·(相对丰度 35%)和鸢尾黄素苷元离子碎片 m/z 299.066 1 [M-H-glucosyl]$^-$(相对丰度 25%),接下来,自由基苷元离子 m/z 298.059 1 脱去 1 分子甲基(15 Da),产生碎片离子 m/z 283.035 0(相对丰度 95%),同时,苷元离子碎片 m/z 299.066 1 脱去 1 分子甲基(15 Da),产生碎片离子 m/z 284.043 1(相对丰度 15%)。另外,苷元离子 m/z 299.066 1 丢失 1 个中性分子 CO_2(44 Da)后产生碎片离子 m/z 255.039 2(m/z 299.066 1 → m/z 255.039 2)。化合物 25 的质谱裂解方式和主要碎片信息与质谱数据库给出的化合物鸢尾苷重合,而且与文献报道的鸢尾黄素-7-O-葡萄糖苷(鸢尾苷)一致。因此,该化合物初步鉴定为鸢尾黄素-7-O-葡萄糖苷(鸢尾苷),其 ESI-MS/MS 质谱及可能的裂解途径见图 3-15。

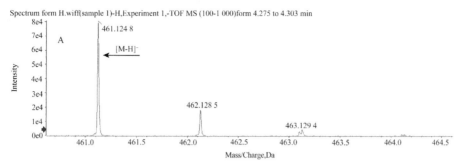

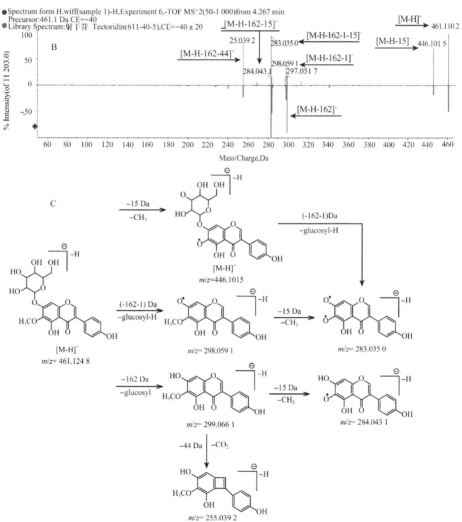

图 3-15　化合物 25 的 ESI-MS/MS 质谱(A、B)和可能的结构裂解途径(C)

化合物 38 产生准分子离子峰 m/z 665.195 3 [M-H]⁻,其二级裂解首先脱去 1 分子葡萄糖基(glucosyl)(162 amu),产生离子碎片 m/z 503.119 5 [M-H-162]⁻;然后再脱去 1 分子乙酰化葡萄糖基(acetyl-glucosyl)(204 amu),产生鸢尾黄素苷元离子 m/z 299.067 2 [M-H-162-204]⁻(相对丰度 63%)及鸢尾黄素自由基苷元离子 m/z 298.058 9 [M-H-162-204-H]⁻·(相对丰度 12%)。接下来离子碎片的序列裂解方式与化合物 25 完全相同,即苷元离子碎片 m/z 299.067 2 脱去 1 分子甲基 (15 Da),产生碎片离子 m/z 284.041 1 (相对丰度 11%),同时,自由基苷元离子 m/z 298.058 9 脱去 1 分子甲基 (15 Da),产生碎片离子 m/z 283.034 7 (相对丰度 2%)。另外,苷元离子 m/z 299.067 2 丢失 1 个中性分子 CO_2 (44 Da)后产生碎片离子 m/z 255.038 1 [m/z 299.067 2 → m/z 255.038 1]。因此,该化合物暂定为鸢尾黄素-7-O-葡萄糖基-4'-O-乙酰化葡萄糖苷。其 ESI-MS/MS 质谱及可能的结构裂解途径见图 3-16。此化合物为鸢尾苷的衍生物,是一种异黄酮,目前还没有文献报道。

(4)未鉴定的化合物

花苞中的两种化合物(39、40)分别产生分子离子峰 m/z 327.229 4 [M-H]⁻ 和 309.217 9 [M-H]⁻,目前仅仅依靠其二级质谱数据还不能确定其结构。

3.4.3 海菜花多酚提取物中单体酚类化合物的 HPLC-PAD 定量分析

海菜花花苞、花梗和叶子多酚提取物中总酚和单体酚类化合物含量见表 3-4。海菜花花苞、花梗和叶子中多酚的组成见图 3-17。海菜花多酚提取物的总单体酚含量(TIPC)为 150.57~291.15 mg/g 提取物,且不同部位之间 TIPC 存在差异。

对花苞而言,其总单体酚含量(TIPC)为 291.15 mg/g 提取物。其中,黄酮是最丰富的酚类化合物,含量达到 152.20 mg/g 提取物,占总单体酚含量(TIPC)的 52.28%。黄酮中以木犀草素及其糖苷为主,木犀草素占 TIPC 的 18%,木犀草素糖苷占 TIPC 的 31%。其次为羟基肉桂酸,含量为 87.23 mg/g 提取物,占 TIPC 的 29.96%。羟基肉桂酸中绿原酸及其衍生物和咖啡酰苹果酸的含量较为丰富,分别占 TIPC 的 16.70% 和 6.73%;其他的酚类化合物,黄酮

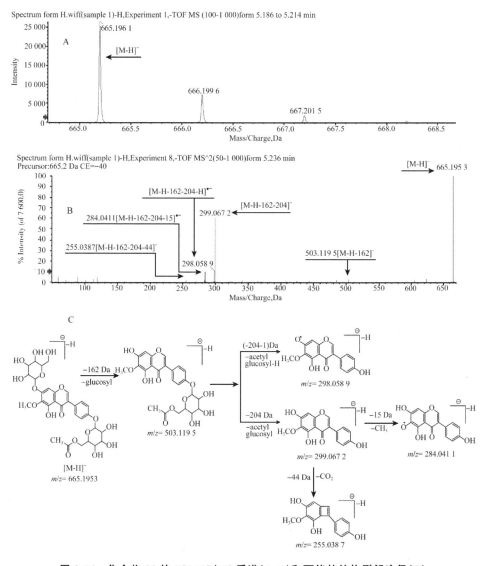

图 3-16　化合物 38 的 ESI-MS/MS 质谱(A、B)和可能的结构裂解途径(C)

醇占 TIPC 的 15.18%,异黄酮占 TIPC 的 2.41%,羟基苯甲酸占 TIPC 的 0.18%。值得一提的是,鸢尾黄素-7-O-葡萄糖苷(鸢尾苷)和鸢尾黄素-7-O-葡萄糖基-4′-O-乙酰化葡萄糖苷,两种异黄酮是鸢尾黄素的糖苷,仅在花苞中检测出,含量分别为 4.25 和 2.76 mg/g 提取物。目前,鸢尾黄素-7-O-葡萄糖基-4′-O-乙酰化葡萄糖苷还没有相关文献报道。

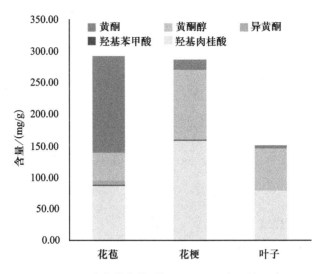

图 3-17 海菜花花苞、花梗和叶子中多酚的组成

对花梗而言,总单体酚含量(TIPC)为 285.90 mg/g 提取物。其中,羟基肉桂酸是最丰富的酚类化合物,含量达到 158.18 mg/g 提取物,占 TIPC 的 55.33%,而且以咖啡酰苹果酸(21.47%)、绿原酸(13.86%)和 5-O-阿魏酰奎宁酸(11.36%)为主;其次为黄酮醇,含量为 111.63 mg/g 提取物,占 TIPC 的 39.05%,且以槲皮素糖苷(35.48%)为主。另外,其他的酚类化合物还有黄酮(5.5%)、羟基苯甲酸(0.13%)。

对叶子而言,总单体酚含量(TIPC)为 150.57 mg/g 提取物。叶子中的酚类组成与花梗相似,羟基肉桂酸占主导,含量为 79.39 mg/g 提取物,占 TIPC 的 52.73%,其中以咖啡酰苹果酸(31.99%)、绿原酸(12.27%)、5-O-阿魏酰奎宁酸(5.43%)为主。值得一提的是,芥子酰己糖苷仅在叶子中检测出,其含量为 2.36 mg/g 提取物,占 TIPC 的 1.57%;其次为黄酮醇,含量为 65.22 mg/g 提取物,占 TIPC 的 43.32%,以槲皮素糖苷(40.67%)最为丰富;含量最低的是黄酮,占 TIPC 的 3.96%。

定量分析结果表明,黄酮、黄酮醇和羟基肉桂酸是海菜花多酚提取物中主要的酚类,特别是在花苞和花梗中的含量较为丰富。其中,花梗的羟基肉桂酸含量高于花苞和叶子;而花苞的总黄酮含量明显高于花梗和叶子,这可能与花苞在植物繁殖中的作用有关,大量的黄酮类化合物存在于花苞中,对紫外线辐射有重要的保护作用,因为海菜花的花苞通常生长在水面上暴露在阳光下。

另外,用液质联用(HPLC-MS)技术测定的海菜花各部位总单体酚含量(TIPC)总体趋势与用福林-酚法测定的总酚含量(TPC)一致,即花苞含量最高,其次为花梗,叶子含量最低。

表 3-4 海菜花花苞、花梗和叶子多酚提取物中总酚和单体酚类化合物含量

峰号			化合物	酚含量/(mg/g)		
花苞	花梗	叶子		花苞	花梗	叶子
			有机酸	**22.30±1.13**	**22.28±1.25**	**15.45±1.02**
1	1	1	奎宁酸[A]	20.47±0.88	15.89±0.92	8.03±0.73
8	8	6	苹果酸[B]	1.83±0.46	6.40±1.07	7.43±1.35
			羟基苯甲酸	**0.52±0.33**	**0.36±0.21**	**0.00**
4	4	—	香草酸[C]	0.52±0.23	0.36±0.17	—
			羟基肉桂酸	**87.23±2.03**	**158.18±3.81**	**79.39±2.44**
2	2	2	绿原酸[A]	40.57±1.01	32.43±0.97	12.47±0.74
3	3	3	绿原酸二聚体[A]	5.07±0.66	4.18±0.89	3.11±0.71
5	5	4	咖啡酸[B]	未检出	0.32±0.13	0.30±0.11
6	6	5	绿原酸异构体[A]	2.97±0.57	3.02±0.54	2.91±0.46
7	7	—	对-香豆酰奎宁酸[A]	4.39±0.61	3.84±0.80	0.00
9	9	7	咖啡酰苹果酸 I[B]	18.51±1.06	39.02±2.17	29.42±1.24
10	10	8	咖啡酰苹果酸二聚体[B]	1.07±0.47	10.43±1.41	8.81±1.07
—	11	9	咖啡酰苹果酸 II[B]	—	11.92±1.87	9.94±1.22
11	—	—	5-O-阿魏酰奎宁酸 I[A]	11.83±1.59	—	
—	12	10	5-O-阿魏酰奎宁酸 II[A]	—	32.94±2.22	8.18±1.84
14	14	12	对-香豆酰苹果酸[B]	0.68±0.34	3.24±0.75	0.71±0.29
15	15	—	阿魏酰苹果酸 I[B]	0.61±0.34	12.74±0.82	—
16	16	13	阿魏酸[B]	1.53±0.45	4.56±0.75	0.35±0.22
—	—	15	阿魏酰苹果酸 II[B]	—	—	0.85±0.31
—	—	21	芥子酰基己糖苷[B]	—	—	2.36±0.60
			异黄酮	**7.01±1.11**	**0.00**	**0.00**

续表 3-4

峰号			化合物	酚含量/(mg/g)		
花苞	花梗	叶子		花苞	花梗	叶子
25	—	—	鸢尾黄素 7-O-葡萄糖苷(鸢尾苷)[D]	4.25 ± 0.59	—	—
38	—	—	鸢尾黄素 7-O-葡萄糖基-4′-O-乙酰化葡萄糖苷[D]	2.76 ± 0.45	—	—
			黄酮醇	**44.19 ± 1.87**	**111.63 ± 2.87**	**65.22 ± 2.04**
12	12	—	杨梅素-3-O-戊糖基己糖苷[D]	3.31 ± 0.60	5.05 ± 1.12	—
13	13	11	杨梅素-3-O-葡萄糖糖苷[D]	6.62 ± 1.32	3.03 ± 0.87	2.09 ± 0.59
17	17	14	槲皮素-3-O-戊糖基葡萄糖苷[D]	9.84 ± 1.03	41.97 ± 1.35	33.17 ± 1.62
20	19	17	槲皮素-3-O-葡萄糖苷[D]	5.40 ± 1.13	18.33 ± 1.37	5.94 ± 1.10
22	21	19	槲皮素-3-O-(6″-O-乙酰化)葡萄糖苷 I[D]	8.37 ± 1.41	36.87 ± 1.07	16.66 ± 0.94
—	—	23	槲皮素-3-O-(6″-O-乙酰化)葡萄糖苷 II[D]	—	—	2.66 ± 0.79
23	22	20	槲皮素-3-O-丙二酰化己糖苷[D]	2.37 ± 0.50	4.26 ± 1.17	2.81 ± 0.94
32	28	26	槲皮素[D]	3.29 ± 0.41	2.12 ± 0.45	1.89 ± 0.40
35	—	—	桑色素[D]	4.99 ± 1.09	—	—
			黄酮	**152.20 ± 3.09**	**15.73 ± 1.13**	**5.96 ± 0.79**
18	18	16	木犀草素-7-O-葡萄糖苷 I[E]	49.45 ± 1.45	2.41 ± 0.81	0.78 ± 0.27
19	—	—	木犀草素-7-O-葡萄糖苷二聚体[E]	1.85 ± 0.42	—	—
21	20	18	木犀草素-7-O-(2″-O-戊糖基)己糖苷[E]	0.50 ± 0.30	2.35 ± 0.50	1.91 ± 0.47
24	—	—	芹菜素-7-O-葡萄糖苷[E]	2.06 ± 0.49	—	—
26	24	—	木犀草素-乙酰化己糖苷 I[E]	31.49 ± 1.36	1.95 ± 0.46	—

续表 3-4

峰号			化合物	酚含量/(mg/g)		
花苞	花梗	叶子		花苞	花梗	叶子
27	25	25	木犀草素-O-丙二酰化己糖苷[E]	5.08 ± 0.98	0.73 ± 0.28	0.44 ± 0.18
28	—	—	木犀草素-7-O-葡萄糖苷 II[E]	0.38 ± 0.28	—	—
—	23	22	木犀草素-7-O-葡萄糖苷 III[E]	—	1.54 ± 0.37	0.60 ± 0.26
29	26	24	木犀草素-乙酰化己糖苷 II[E]	0.40 ± 0.29	3.86 ± 0.89	1.71 ± 0.40
30	—	—	芹菜素异构体[E]	1.01 ± 0.39	—	—
31	27	—	香叶木素[E]	1.19 ± 0.48	0.63 ± 0.27	—
33	—	—	木犀草素二聚体[E]	1.80 ± 0.40	—	—
34	29	27	木犀草素[E]	51.12 ± 1.49	1.39 ± 0.14	0.52 ± 0.10
36	30	—	芹菜素[E]	2.71 ± 0.47	0.38 ± 0.17	—
37	31	—	金圣草黄素[E]	3.18 ± 0.54	0.49 ± 0.19	—
总单体酚含量(TIPC)				**291.15 ± 6.12**	**285.90 ± 7.33**	**150.57 ± 4.69**

注:A 标品为绿原酸,B 标品为咖啡酸,C 标品为香草酸,D 标品为槲皮素,E 标品为木犀草素。

3.5　讨　论

　　苯丙氨酸解氨酶(PAL)与酚类化合物的合成密切相关,它可以催化苯丙氨酸的还原性脱氨基作用来合成肉桂酸。此外,在苯丙氨酸途径起始阶段的肉桂酸 4-羟化酶(C4H)、4-香豆酸辅酶(4CL)、查尔酮合成酶(CHS)或查尔酮异构酶也参与了酚类生物合成。辐照、伤害、养分缺乏、除草剂处理、低温暴露以及病毒、真菌和昆虫的攻击都会增加植物体内 PAL 的合成或 PAL 的活性,从而增加酚类化合物的合成。海菜花不同部位总酚含量的差异可能与海菜花不同部位接受太阳光照射时间的多少不同以及与植物不同部位的生长发育特性有关。酚类化合物由于作为抗辐射屏障和抗氧化剂,通常在特定的细胞内积累,主要分布在植物的表皮层或叶和果实的角质层。海菜花叶子通常生长在水面以下,而花苞和部分花梗却总是暴露于水面上接受更多阳光的照射,因此需要合成更多的多酚以抵抗辐射。

液质联用技术能够对准分子离子进行多级裂解,从而提供化合物的相对分子量以及丰富的碎片信息,常用于化合物的分析和鉴定。本书采用高分辨的三重四极杆飞行时间质谱系统(AB SCIEX TripleTOF 5600$^+$)分析海菜花多酚提取物,并通过标准品比对、质谱系统数据库比对、文献比对,首次从海菜花中鉴定出 44 种化合物。值得一提的是,本研究推测出一种鲜有报道的异黄酮鸢尾黄素-7-O-葡萄糖基-4'-O-乙酰化葡萄糖苷,并通过 SciFinder 查新没有找到与之相同的化合物。当然,对于一种新化合物结构的确定,仅依靠质谱鉴定还不够,还需进一步用核磁共振谱(NMR)、X 射线衍射等技术手段进行证实。因此该化合物结构的确定还有待于研究。

植物多酚含量的测定可以采用分光光度法,如福林-酚法。对酚类化合物单体的定量分析通常采用 HPLC 法。本试验结果显示,福林-酚法测定的酚含量比 HPLC-MS 测定的要偏大,这与前人的研究结果一致。这主要是由于福林-酚法对其他非酚类物质也有响应,并且并非所有的多酚类物质都能通过 HPLC-MS 鉴定并定量出来。

木犀草素及其糖苷广泛分布在植物界中,具有多种药理活性,如抗氧化、抗炎、杀菌及抗癌活性。绿原酸广泛存在于咖啡、绿茶、金银花等植物中,具有抗氧化、抗炎、抗菌、抗病毒、抗微生物、解热、保护肝,保护心脏、中枢神经系统刺激等生物活性和药用功效。槲皮素常以糖苷的形式存在于植物中,具有抗氧化、抗炎、抗菌、抗病毒、抗癌、预防心血管疾病(如心脏病、高血压和高胆固醇)等功效。海菜花作为一种传统中药,用于治疗小便不利、便秘、热咳、咯血、哮喘、水肿等疾病。另外,大理白族将海菜花作为明目养肝、止咳化痰、辅助治疗心血管疾病与尿频的药物。海菜花的这些药用功能可能与海菜花含有丰富的木犀草素及其糖苷、绿原酸和槲皮素糖苷有关。而且,本书鉴定出的两种异黄酮均为鸢尾黄素糖苷,据报道,鸢尾黄素存在于鸢尾科鸢尾属和射干属植物中,具有清热解毒、利咽消痰、散血消肿等功效。海菜花中这两种鸢尾黄素糖苷的发现,进一步拓展了海菜花的生物活性。

此外,在本书的定量分析中,由于找不到所有化合物的标准品,仅用 5 种标准品对结构相同或相似的化合物进行了定量分析,对于部分化合物的定量分析结果,可能与其真实含量之间有一定的偏差,其真实含量还有待于进一步分析。

多酚在植物体内以游离的和结合的两种形式存在,本书只研究了海菜花中的游离酚的组成,今后可对其结合酚的组成做进一步的研究,从而丰富海菜花多酚化合物的相关信息,拓展其药用和保健功能。

3.6　本章小结

本章主要研究了海菜花花苞、花梗和叶子多酚提取物中单体酚类化合物的组成及含量,得到以下主要结论:

(1)海菜花多酚纯化后的得率为 34.00~48.95 mg/g,且花苞得率最高,叶子次之,花梗最低($P < 0.05$);海菜花多酚提取物总酚含量(TPC)为 257.62~388.19 mg/g,且以花苞酚含量最高,其次为花梗,叶子含量最低。

(2)采用液质联用(HPLC-DAD-ESI-MS)技术从海菜花多酚提取物中共鉴定出 42 种单体酚类化合物,其中酚酸 16 种,黄酮 26 种;海菜花不同部位酚类物质组成差异较大,花苞中鉴定出 36 种、花梗中鉴定出 29 种、叶子中鉴定出 25 种;黄酮、黄酮醇和羟基肉桂酸是海菜花中主要的酚类化合物,其中以木犀草素及其糖苷、槲皮素糖苷、绿原酸、咖啡酰苹果酸含量最为丰富;一种很少报道的异黄酮鸢尾黄素 7-O-葡萄糖基-4'-O-乙酰化葡萄糖苷在花苞中被鉴定出来。

(3)定量分析结果显示,海菜花总单体酚含量(TIPC)为 150.57~291.15 mg/g,且花苞酚含量最高,其次为花梗,叶子最少。花苞中,黄酮含量最高(152.20 mg/g),并以木犀草素及其糖苷为主;其次为羟基肉桂酸(87.23 mg/g),其中以绿原酸及其衍生物、咖啡酰苹果酸和 5-O-阿魏酰奎宁酸含量最为丰富。花梗中,羟基肉桂酸含量最高(158.18 mg/g),且以咖啡酰苹果酸、绿原酸、5-O-阿魏酰奎宁酸为主;其次为黄酮醇(111.63 mg/g),其中以槲皮素糖苷含量最为丰富。叶子的多酚组成大体上与花梗一致。

第 4 章　海菜花多酚生物活性研究

4.1　引　言

植物多酚广泛存在于植物体内,是植物的次生代谢产物,是植物在正常生长和发育过程中产生的,或者是植物在受到生物因素(如细菌、真菌和寄生虫等感染)应激和非生物因素(如伤害、紫外线辐射、高氧、缺氧和超声波辐射等)应激条件下积累的,是一大类来源于酪氨酸途径和苯丙氨酸代谢途径的植物化学物。多酚在植物体内发挥着重要的保护作用;同时,植物多酚与植物的风味、苦味、涩味、色泽等感官特性和氧化稳定性有密切关系;另外,植物多酚是良好的还原剂、金属离子螯合剂、单线态氧淬灭剂及供氢体,具有显著的抗氧化活性,能够阻止活性氧自由基对人体造成的氧化损伤,具有抗氧化、抑菌、抑制消化酶活性、抗过敏、抗诱变、抑制癌细胞增殖、保护四氯化碳肝损伤和抗电子辐射等生理活性,在心脑血管疾病、癌症、衰老等与人类年龄相关的疾病预防方面功效显著。由于独特的特性,植物多酚可用于食品、药物和生物技术等不同的领域,如抗菌药物、天然色素、香料、抗氧化剂。

目前,关于海菜花多酚的生物活性研究尚属空白。海菜花中含有包括羟基肉桂酸、黄酮、异黄酮和黄酮醇类的 42 种酚类化合物,这些化合物已被证实具有抗氧化、抗炎、抗癌、抗菌、保护 DNA 氧化损伤、抑制消化酶活性、保护肝损伤等活性。植物多酚的生物活性对于植物原料药用价值的开发具有非常重要的作用。因此,对海菜花多酚生物活性的研究对于进一步明确海菜花的药用价值以及对海菜花的开发与利用都具有非常重要的指导意义。

本章系统地研究了海菜花花苞、花梗和叶子多酚提取物的抗氧化活性和对过氧自由基(ROO·)和羟基自由基(·OH)介导的 DNA 损伤的保护作用。同时,研究了海菜花多酚提取物对 α-葡糖糖苷酶和胰脂肪酶的抑制作用,并对其抑制机制进行了初步探讨。

4.2　材料、试剂及设备

4.2.1　材料

海菜花花苞、花梗和叶子多酚提取物:由实验室提取、纯化制备得到。

4.2.2　试剂

α-葡萄糖苷酶（G5003,$\geqslant$10 U/mg 蛋白质）:美国 Sigma-Aldrich 公司

胰脂肪酶(L0382,$\geqslant$20 000 U/mg 蛋白质):美国 Sigma-Aldrich 公司

p-硝基苯-α-吡喃葡萄糖苷(pNPG):美国 Sigma-Aldrich 公司

4-甲基伞形酮油酸酯(4-MUO):美国 Sigma-Aldrich 公司

对硝基苯酚(PNP):上海山浦化工有限公司

4-甲基伞形酮(4-MU):美国 Sigma-Aldrich 公司

阿卡波糖、奥利司他、1,1-二苯基-2-苦苯肼自由基(DPPH·)、2,4,6-三(2-吡啶基)-1,3,5-三嗪(TPTZ)、2,2-联氮基双(3-乙基苯并噻唑啉-6-磺酸)二铵盐(ABTS):美国 Sigma 公司

水溶性维生素 E(Trolox):美国 Sigma-Aldrich 公司

pBR322 质粒 DNA:西安海宁生物工程有限公司

偶氮二异丁基脒盐酸盐(AAPH):美国 Cayman 试剂公司

2-脱氧-D 核糖:美国 Sigma 公司

4.2.3　主要仪器与设备

722N 可见分光光度计:上海菁华科技仪器有限公司

恒温水浴箱:常州市金坛大地自动化仪器厂

DYY-6C 型电泳仪:北京市六一仪器厂

G:BOX- F3 凝胶成像系统:斯戴普(北京)科技有限公司

Scientz-ND 型系列真空冷冻干燥机:宁波新芝生物科技股份有限公司

HZS-HA 水浴振荡器:哈尔滨市东明医疗仪器厂

F96pro 荧光分光光度计:上海棱光技术有限公司

4.3　试验方法

4.3.1　海菜花多酚提取物抗氧化活性的测定

1. 海菜花多酚提取物 DPPH 自由基清除活性的测定

根据 Turkoglu 等的方法进行测定,并稍做修改。将海菜多酚提取物用甲醇稀释成浓度为 0.035 mg/mL 的溶液,吸取 0.5 mL 于试管,加入 3.5 mL 60 μmol/L 的 DPPH 溶液(用甲醇溶解),充分混匀,置于暗室反应 30 min 后,用 722 N 可见分光光度计于 517 nm 波长处测定吸光度值 A,并按下列公式计算 DPPH 自由基清除率:

$$DPPH 清除率 = [1-(A_{样品}-A_{空白})/A_{对照}] \times 100\% \qquad (4-1)$$

式中,$A_{对照}$ 为 0.5 mL 甲醇+3.5 mL DPPH 溶液的吸光度值;$A_{空白}$ 为 0.5 mL 样品+3.5 mL 甲醇溶液的吸光度值;$A_{样品}$ 为 0.5 mL 样品+3.5 mL DPPH 溶液的吸光度值。

以不同浓度(10～100 μmol/L)的水溶性维生素 E(Trolox)制作标准曲线(以浓度为横坐标,以清除率为纵坐标),得回归方程为:$y=0.617\ 2x-4.152\ 9$,相关系数 $R^2=0.996\ 5$。将样品 DPPH 自由基清除率代入回归方程,计算样品的 DPPH 自由基清除活性值,海菜花多酚提取物 DPPH 自由基清除活性结果以 mmol Trolox 等量每克提取物表示(mmol TE/g)。

2. 海菜花多酚提取物铁还原抗氧化能力(FRAP)的测定

按照 Netzel 等的方法进行测定,并略做修改。FRAP 工作液的配制:将 10 mmol/L 的 TPTZ 溶液(用 40 mmol/L HCl 配制)、0.3 mol/L 的乙酸钠缓冲液(pH 3.6)、20 mmol/L 的 $FeCl_3 \cdot 6H_2O$ 溶液,以体积比为 1:10:1 的比例混合。使用之前将 FRAP 工作液于 37 ℃ 水浴中保温 30 min。样品浓度:将海菜花不同部位多酚提取物分别用甲醇配制成 0.15 mg/mL 的溶液。反应体系:0.1 mL

样品溶液、1.4 mL FRAP 工作液、2 mL 蒸馏水充分混合,并于 37 ℃水浴中反应 30 min,之后用 722 N 可见分光光度计于 593 nm 波长处测定吸光值。以 $FeSO_4 \cdot 7H_2O$ 溶液浓度($100\sim1\ 000\ \mu mol/L$)为横坐标,吸光度值为纵坐标,绘制标准曲线,得到回归方程 $y=0.000\ 6x+0.003\ 4$,相关系数 $R^2=0.993\ 7$。将测定的样品吸光度值代入回归方程,计算样品的 FRAP 值。海菜花多酚提取物铁还原抗氧化能力结果以 mmol Fe(Ⅱ)每克提取物表示[mmol Fe(Ⅱ)/g]。

3. 海菜花多酚提取物 Trolox 等量抗氧化活性(TEAC)的测定

按照 Re 等的方法进行测定,并略做修改。用蒸馏水将 ABTS 溶解成浓度为 7 mmol/L 的储备液,将 ABTS 储备液与 2.45 mmol/L 的过硫酸钾混合,并将混合液于室温、暗室反应 $12\sim16$ h 制备 ABTS 自由基阳离子($ABTS^{\cdot+}$)。将 $ABTS^{\cdot+}$ 用甲醇稀释,使其在 734 nm 波长处的吸光值为 0.7 ± 0.02,作为 $ABTS^{\cdot+}$ 工作液。将海菜花花苞、花梗和叶子多酚提取物分别用甲醇配制成 0.4 mg/mL、0.5 mg/mL、0.5 mg/mL 的溶液,分别取 50 μL 与 4 mL $ABTS^{\cdot+}$ 工作液混合,并于暗室反应 6 min,之后用 722 N 可见分光光度计于 734 nm 波长处测定吸光值。用不同浓度($100\sim1\ 000\ \mu mol/L$)的 Trolox 制作标准曲线(以浓度为横坐标,以吸光度值为纵坐标),得到回归方程 $y=-0.000\ 4x+0.667\ 9$,相关系数 $R^2=0.999\ 5$。将测定的样品吸光度值代入回归方程,计算样品的 TEAC 值。海菜花多酚提取物 Trolox 等量抗氧化活性结果以 mmol Trolox 等量每克提取物表示(mmol TE/g)。

4. 海菜花多酚提取物羟基自由基(·OH)清除活性的测定

参照 Halliwell 等的方法进行测定,并略做修改。将海菜花多酚提取物和 Trolox 分别稀释成 $0.25\sim4.00$ mg/mL 和 $(0.25\sim4.00)\times10^{-3}$ mg/mL 系列浓度梯度。反应体系为:400 μL 不同浓度的海菜花多酚提取物或 Trolox 溶液、1.5 mL PBS 缓冲液(10 mmol/L,pH=7.4)、150 μL 2-脱氧-D-核糖(25 mmol/L)、150 μL $FeCl_3$(1 mmol/L)、150 μL EDTA(1.04 mmol/L)、150 μL H_2O_2(15 mmol/L)、150 μL 抗坏血酸(1 mmol/L)。将体系摇匀后,于 37 ℃水浴反应 30 min,取出分别加入 1 mL 2.8%三氯乙酸和 1 mL 0.5%硫代巴比妥酸,混匀,再于沸水浴反应 15 min,冷却后,用 722 N 可见分光光度计于 532 nm 波长处测定吸光度值,吸光度值用 A 表示。对照管用 PBS 代替多酚提取液和 Trolox

溶液。按照下列公式计算羟基自由基清除率：

$$羟基自由基清除率＝(1－A_{样品或\,Trolox}/A_{对照})×100\%　　　(4-2)$$

同时，根据以上试验结果，以多酚提取物或 Trolox 不同浓度为横坐标，羟基自由基清除率为纵坐标，采用非线性回归对数据进行曲线拟合，得到拟合曲线方程，并根据拟合曲线方程计算 IC_{50} 值。IC_{50} 值表示清除 50% 羟基自由基所需要的样品或 Trolox 浓度。

4.3.2　海菜花多酚提取物对 DNA 损伤保护作用的测定

1. 海菜花多酚提取物对羟基自由基(·OH)介导的 DNA 损伤的保护作用

按照 Jeong 等的方法进行测定，并稍做修改。将样品和 Trolox 用甲醇稀释成浓度分别为 25 μg/mL、50 μg/mL、100 μg/mL、200 μg/mL、400 μg/mL 和 800 μg/mL 的溶液。羟基自由基(·OH)由 $FeSO_4$ 和 H_2O_2 溶液反应产生。反应体系(20 μL)为：1 μL(含 0.5 μg) pBR 322 质粒 DNA、10 μL 10 mmol/L PBS 缓冲液(pH 7.4)、5 μL 样品或 Trolox 溶液、2 μL 1 mmol/L $FeSO_4$ 溶液、2 μL 15 mmol/L H_2O_2 溶液。将反应体系混匀，置于 37 ℃水浴中避光保温 30 min，吸取 4 μL 反应液与 2 μL loading buffer (0.15% 溴酚蓝、10 mmol/L EDTA 和 40% 的蔗糖)混匀终止反应，然后吸取 4 μL 置于 1.0% 的琼脂糖凝胶(含 0.5 μg/mL 溴化乙啶)中于 Tris/acetate/EDTA 缓冲液中电泳 50 min。待电泳结束后，用凝胶成像仪成像，进行半定量分析。空白对照管用 PBS 代替样品(或 Trolox)溶液，正常对照管用 PBS 代替样品(或 Trolox)溶液、$FeSO_4$ 和 H_2O_2。海菜花多酚提取物对 DNA 损伤的保护作用以 DNA 超螺旋百分比表示，按照下列公式进行计算：

$$超螺旋百分比＝S_{超螺旋}/(S_{开环}＋S_{线型})×100\%　　　(4-3)$$

式中，$S_{超螺旋}$ 为 DNA 超螺旋构象的灰度值；$S_{开环}$ 为 DNA 开环构象的灰度值；$S_{线型}$ 为 DNA 线型构象的灰度值。

2. 海菜花多酚提取物对过氧自由基(ROO·)介导的 DNA 损伤的保护作用

按照 Spanou 等的方法进行测定，并稍做修改。将样品和 Trolox 用甲醇稀释成浓度分别为 25 μg/mL、50 μg/mL、100 μg/mL、200 μg/mL、400 μg/mL 和

800 μg/mL 的溶液。过氧自由基（ROO·）由加热分解 AAPH 产生。反应体系（20 μL）为：1 μL（含 0.5 μg）pBR 322 质粒 DNA、13 μL 10 mmol/L PBS 缓冲液（pH 7.4）、3 μL 样品或 Trolox 溶液和 3 μL 用 PBS 溶解的浓度为 50 mmol/L 的 AAPH 溶液（AAPH 最后加入）。将反应体系充分混匀，置于 37 ℃水浴避光保温 45 min,吸取 4 μL 反应液与 2 μL loading buffer（0.15% 溴酚蓝,10 mmol/L EDTA 和 40%的蔗糖）混匀终止反应,然后吸取 4 μL 置于 1.0 %的琼脂糖凝胶（含 0.5 μg/mL 溴化乙啶）中于 Tris/acetate/EDTA 缓冲液中电泳 50 min。待电泳结束后,用凝胶成像仪成像,并进行半定量分析。空白对照管用 PBS 代替样品（或 Trolox）溶液,正常对照管用 PBS 代替样品（或 Trolox）溶液和 AAPH,并按照公式 4-3 计算 DNA 超螺旋百分比。

4.3.3　海菜花多酚提取物酶抑制活性的测定

1. 海菜花多酚提取物对 α-葡萄糖苷酶抑制活性的测定

(1)IC$_{50}$ 值的测定

按照文献方法进行测定,并略做修改。将海菜花多酚提取物先用少量 DMSO 溶解,再用 0.1 mmol/L PBS（pH 6.8）配制成 5 mg/mL 母液,之后用 PBS 稀释为 25 μg/mL、50 μg/mL、100 μg/mL、200 μg/mL、400 μg/mL 的溶液,分别吸取 200 μL 样品、500 μL PBS 与 200 μL 对硝基苯-α-D-葡萄糖苷(pNPG)(2 mmol/L) 混匀,37 ℃水浴反应 10 min 后,加入 100 μL α-葡萄糖苷酶溶液(1.25 U/mL),充分混匀,再于 37 ℃水浴反应 20 min 后加入 1.5 mL 0.2 mol/L Na$_2$CO$_3$ 溶液终止反应,用 722 N 可见分光光度计于 405 nm 波长处测定吸光度值 A。对照组用 PBS 代替样品溶液,空白组用 PBS 代替样品和酶溶液,样品空白组用 PBS 代替酶溶液。用阿卡波糖作为阳性对照,阿卡波糖稀释成 250 μg/mL、500 μg/mL、1 000 μg/mL、2 000 μg/mL、4 000 μg/mL 的溶液。按照下列公式计算样品和阿卡波糖对 α-葡萄糖苷酶的抑制率：

$$抑制率＝[(A_{对照}-A_{空白})-(A_{样品}-A_{样品空白})]/(A_{对照}-A_{空白})×100\%$$

根据以上试验结果,以样品或阿卡波糖浓度为横坐标,α-葡萄糖苷酶抑制率为纵坐标,采用非线性回归对数据进行曲线拟合,并根据拟合曲线方程计算 IC$_{50}$ 值。IC$_{50}$ 值表示抑制 50%的酶活性所需要的样品或阿卡波糖的浓度。

(2)酶抑制作用动力学测定

PNP 标准曲线的绘制:精确称取 0.027 8 g 对硝基酚(PNP),用 0.01 mol/L PBS(pH=6.8)溶解,定容至 10 mL,得 20 mmol/L 母液。用蒸馏水将母液稀释成浓度分别为 10 μmol/L、20 μmol/L、40 μmol/L、60 μmol/L、80 μmol/L、100 μmol/L、120 μmol/L、140 μmol/L、160 μmol/L、180 μmol/L、200 μmol/L 的标准溶液。取 1 mL 上述标准液,各加入 1.5 mL 0.2 mol/L Na_2CO_3 溶液,混匀,用 722 N 可见分光光度计于 405 nm 波长处测定吸光度,绘制标准曲线。

酶抑制类型的测定:海菜花多酚提取物对 α-葡萄糖苷酶抑制作用类型通过 Michaelis-Menton(米氏方程)和 Lineweaver-Burk(双倒数作图法)进行测定。在试管中依次加入 PBS 溶液、多酚样品溶液(花苞:0.1 mg/mL、0.2 mg/mL;叶子:0.1 mg/mL、0.2 mg/mL;花梗:0.3 mg/mL、0.6 mg/mL)和 pNPG 溶液(浓度为 0.125 mmol/L、0.25 mmol/L、0.5 mmol/L、1 mmol/L、2 mmol/L),混合均匀,37 ℃水浴反应 10 min 后,加入酶溶液(1.25 U/mL),充分混匀,再于 37 ℃水浴反应 20 min,然后加入 1.5 mL 0.2 mol/L Na_2CO_3 溶液终止反应,用 722 N 可见分光光度计于 405 nm 波长处测定吸光度。对照组用 PBS 代替样品溶液。将吸光值代入 PNP 标准曲线,计算出 PNP 的含量,即 PNP 生成量。产物生成速率(V)=PNP 生成量(μmol)/反应时间(min)。以 1/V 对 1/[S]作图,计算出米氏常数(K_m)和最大反应速率(V_{max}),其中 V 为产物生成速率,[S]为底物浓度。

2. 海菜花多酚提取物对胰脂肪酶抑制活性的测定

(1) IC_{50} 值的测定

按照文献方法进行测定,并略做修改。将海菜花多酚提取物配制成系列梯度浓度(0.25 mg/mL、0.5 mg/mL、1 mg/mL、2 mg/mL、4 mg/mL),依次吸取 100 μL 多酚溶液、200 μL 4-MUO(100 μmol/L)和 100 μL 胰脂肪酶(1 mg/mL),用蒸馏水定容至 3 mL,充分混匀,于 37 ℃水浴加热 60 min 后,用 F96pro 荧光分光光度计于激发波长 365 nm、发射波长 447 nm 下测定荧光光度值。对照组中用蒸馏水代替样品溶液。用奥利司他作为阳性对照,奥利司他稀释成 1.00 mg/mL、2.00 mg/mL、4.00 mg/mL 溶液。按照下式计算样品对胰脂肪酶的抑制率:

$$抑制率=(A_{对照}-A_{样品})/A_{对照}\times100\%$$

根据以上试验结果,以样品或奥利司他浓度为横坐标,胰脂肪酶抑制率为纵坐标,采用非线性回归对数据进行曲线拟合,并根据拟合曲线方程计算 IC_{50} 值。IC_{50} 值表示抑制 50％的酶活性所需要的样品或奥利司他的浓度。

(2)酶抑制作用动力学测定

4-MU 标准曲线的绘制:精确称取 0.035 g 四甲基伞形酮(4-MU),用二甲基亚砜(DMSO)溶解,定容至 10 mL,得 20 mmol/L 母液。用蒸馏水将母液稀释成浓度分别为 10 $\mu mol/L$、20 $\mu mol/L$、40 $\mu mol/L$、80 $\mu mol/L$、160 $\mu mol/L$ 的标准溶液。取 3 mL 上述标准液,于激发波长 365 nm、发射波长 447 nm 下测定荧光光度值,以浓度为横坐标,荧光光度值为纵坐标绘制标准曲线。

酶抑制类型的测定:在试管中依次加入 100 μL 多酚样品溶液(花苞:0.1 mg/mL、0.2 mg/mL;叶子:0.2 mg/mL、0.4 mg/mL;花梗:0.1 mg/mL、0.2 mg/mL)、200 μL 4-MUO(20 $\mu mol/L$、40 $\mu mol/L$、60 $\mu mol/L$、80 $\mu mol/L$、100 $\mu mol/L$)、100 μL 胰脂肪酶(1 mg/mL),蒸馏水定容至 3 mL,充分混匀,37 ℃水浴加热 60 min 后,用 F96pro 荧光分光光度计于激发波长 365 nm、发射波长 447 nm 下测定荧光光度值。对照组用蒸馏水代替多酚样品溶液。将荧光值代入 4-MU 标准曲线,计算出 4-MU 的含量,即 4-MU 生成量。产物生成速率(V)＝4-MU 生成量(μmol)/反应时间(min)。以 $1/V$ 对 $1/[S]$ 作图,计算出米氏常数(K_m)和最大反应速率(V_{max}),其中 V 为产物生成速率,[S]为底物浓度。

4.3.4　数据处理

试验数据的处理、显著性检验和非线性回归分析均采用 SPSS 17.0 统计软件进行,试验结果用平均值 ± 标准差($\bar{X}$ ± SD)表示。

4.4　结果与分析

4.4.1　海菜花多酚提取物抗氧化活性

1. 海菜花多酚提取物 DPPH 自由基清除活性、铁还原抗氧化能力(FRAP)和 Trolox 等量抗氧化活性(TEAC)

DPPH 自由基清除法广泛用于评价天然或合成的抗氧化剂的抗氧化能力，是评价抗氧化性的一个重要方法。DPPH 是一种稳定的色原体自由基,具有孤对电子,其在有机溶液中呈现深紫色,在 517 nm 处有最大吸收,若遇到自由基清除剂,其孤对电子被转移、配对、中和,则深紫色褪去,变为无色或浅黄色,并在 517 nm 波长处的吸收减弱。因此,通过测定吸光度值的变化可用来评价海菜花多酚提取物对 DPPH 自由基的清除效果。抗氧化剂可以通过还原作用将一个电子或质子转移到氧化剂分子上从而起到抗氧化作用,因此,可以通过测定抗氧化剂的还原能力来评价其抗氧化能力,其还原能力越强则说明抗氧化能力越强。FRAP 法是评价样品总还原能力的一种简便、常用的方法,它是一种典型的基于电子转移的方法,通过测定酸性条件下抗氧化物将 Ferric-tripyridyl-triazine $(Fe^{3+}-TPTZ)$ 还原成 $Fe^{2+}-TPTZ$ 的能力,以评价抗氧化物的总抗氧化能力,其反应生成的蓝色在 593 nm 波长处有最大吸收。Trolox 等量抗氧化体系(TEAC)是利用 ABTS 自由基在强氧化剂存在的条件下,产生 ABTS 阳离子 $(ABTS^{\cdot+})$,一种蓝绿色发色团,其在 734 nm 波长处有最大吸收,如果反应体系中有抗氧化物,抗氧化物中和自由基阳离子 $ABTS^{\cdot+}$,则蓝绿色消退,吸光值降低。因此,通过测定吸光值的变化来评价海菜花多酚提取物对 ABTS 自由基的清除效果。

海菜花不同部位多酚提取物 DPPH 值、FRAP 值和 TEAC 值见表 4-1。由表 4-1 中数据可知,海菜花花苞、花梗和叶子多酚提取物呈现出较强的 DPPH 自由基清除活性、铁还原抗氧化能力和 Trolox 等量抗氧化活性,其 DPPH 值范围为 1.89~2.25 mmol TE/g 提取物,且花苞多酚提取物对 DPPH 自由基清除能力最大,其次为花梗,叶子最差,但差异无统计学意义;FRAP 值范围为 4.31~5.61 mmol Fe(Ⅱ)/g 提取物,与 DPPH 自由基清除活性相同,花苞多酚提取物铁还原抗氧化能力最强,其次为花梗,叶子最弱($P<0.05$);TEAC 值范围为 1.13~1.51 mmol TE/g 提取物,且与 DPPH 和 FRAP 体系相同,花苞多酚提取物 Trolox 等量抗氧化活性最强,其次为花梗,叶子最低($P<0.05$)。

表 4-1　海菜花不同部位多酚提取物 DPPH 值、FRAP 值和 TEAC 值

部位	DPPH 值/(mmol TE/g)	FRAP 值/[mmol Fe(Ⅱ)/g]	TEAC 值/(mmol TE/g)
花苞	2.25 ± 0.03 a	5.61 ± 0.08 b	1.51 ± 0.11 b
花梗	2.06 ± 0.03 a	4.62 ± 0.11 a	1.25 ± 0.09 ab
叶子	1.89 ± 0.12 a	4.31 ± 0.27 a	1.13 ± 0.07 a

注:同一列不同字母表示差异具有统计学意义($P<0.05$)。

2. 海菜花多酚提取物羟基自由基(·OH)清除活性

羟基自由基(·OH)是目前已知化学性质最活泼的活性氧自由基,在体内它们是在生理或病理条件下产生的,具有较高的氧化电位(2.8 eV),氧化能力极强,可以通过与蛋白质、脂类和核酸相互作用来刺激自由基链式反应,从而导致细胞损伤甚至疾病。体外 Fenton 反应产生的·OH 攻击 2-脱氧-D-核糖,生成的丙二醛与硫代巴比妥酸在酸性条件下加热发生反应生成粉红色加合物,在 532 nm 波长处有最大吸收,若反应体系中有自由基清除剂,则在 532 nm 处吸光度下降。因此,可以通过测定吸光值的变化来间接评价抗氧化物对·OH 的清除活性。海菜花不同部位多酚提取物羟基自由基清除活性见表 4-2。由表 4-2 中的数据可以看出,海菜花花苞、花梗和叶子多酚提取物在测试浓度范围内,具有较强的清除羟基自由基的活性,且呈现浓度依赖关系。随着多酚提取物浓度的增加,清除活性增强。在测试浓度范围内(0.25~4.00 mg/mL),海菜花花苞、花梗和叶子多酚提取物对羟基自由基清除率分别为 36.47%~77.18%、30.12%~77.41% 和 28.94%~65.06%。

同时,根据拟合曲线方程计算出了海菜花不同部位多酚提取物以及 Trolox 的 IC_{50} 值,IC_{50} 值越小,说明清除羟基自由基的能力越强。表 4-2 结果显示,海菜花花苞多酚提取物羟基自由基清除率 IC_{50} 值最小,其次为花梗,叶子最大($P<0.05$),说明花苞多酚提取物对羟基自由基清除活性最强,其次为花梗,叶子最小,这与 DPPH、FRAP 和 TEAC 抗氧化活性的测定结果一致。此外,Trolox 羟基自由基清除率 IC_{50} 值远远小于海菜花多酚提取物,说明 Trolox 清除羟基自由基的能力远远强于海菜花多酚提取物。

单一的评价体系不能全面描述抗氧化物质的抗氧化活性,因此,采用多种不同的抗氧化评价体系,可以获得抗氧化物质对各种不同自由基清除能力的全部

信息。采用 DPPH 自由基清除能力、FRAP、TEAC 和·OH 清除活性 4 种不同的体外抗氧化体系对海菜花花苞、花梗和叶子多酚提取物的抗氧化能力进行评价。研究结果表明,海菜花多酚提取物在 4 种抗氧化体系中,抗氧化能力都呈现出花苞最强、花梗其次,叶子最弱,这与海菜花不同部位多酚提取物中酚含量及其种类的测定结果一致,说明海菜花的抗氧化活性主要由其中所含的酚类化合物决定。

表 4-2　海菜花不同部位多酚提取物羟基自由基清除活性

部位	浓度/(mg/mL)	清除率/%	IC_{50}/(mg/mL)
花苞	0.25	36.47 ± 1.33	
	0.50	57.76 ± 0.50	
	1.00	64.82 ± 0.50	0.44 ± 0.00 a
	2.00	69.41 ± 1.66	
	4.00	77.18 ± 2.33	
花梗	0.25	30.12 ± 1.66	
	0.50	42.00 ± 0.50	
	1.00	43.65 ± 0.50	1.01±0.05 b
	2.00	56.12 ± 0.50	
	4.00	77.41 ± 2.33	
叶子	0.25	28.94 ± 2.33	
	0.50	32.82 ± 0.17	
	1.00	41.76 ± 0.17	1.77±0.03 c
	2.00	46.12 ± 0.67	
	4.00	65.06 ±0.17	
Trolox	0.25×10^{-3}	28.50 ± 0.69	
	0.50×10^{-3}	35.26 ± 0.87	
	1.00×10^{-3}	40.29 ± 1.04	$1.675 \times 10^{-3} \pm 0.00$
	2.00×10^{-3}	53.32 ± 1.74	
	4.00×10^{-3}	61.43 ± 1.39	

注:同一列不同字母表示差异具有统计学意义($P<0.05$)。

4.4.2　海菜花多酚提取物对 DNA 损伤保护作用

1. 海菜花多酚提取物对·OH 介导的 DNA 损伤的保护作用

pBR322 质粒 DNA 是一种超螺旋 DNA，当遭到自由基攻击时，超螺旋就会转变成开环 DNA 分子构象或者线型 DNA 分子构象，开环和线型分子是 DNA 损伤的标志。开环表明 DNA 分子其中的一条磷酸二酯链断裂，而线型表明 DNA 分子的两条磷酸二酯链都断裂。在电场中，超螺旋 DNA、开环 DNA 和线型 DNA 3 种不同的分子涌动速度各不相同，超螺旋 DNA 最快，其次是线型 DNA，开环 DNA 速度最慢。而且 DNA 损伤越严重，超螺旋 DNA 分子构象在 3 种分子构象中所占比例越少。因此可以用超螺旋 DNA 分子构象在 3 种不同分子形态中所占的比例来评价抗氧化物质对 DNA 损伤的保护程度。

海菜花不同部位多酚提取物和 Trolox 对·OH 介导的 DNA 损伤的保护作用的电泳图见图 4-1。由图 4-1 可以看出，H_2O_2 与 $FeSO_4$ 反应产生的·OH 攻击 pBR322 质粒 DNA 后，使其造成损伤，磷酸二酯链单链和双链都发生了断裂，出现了开环和线型的 DNA 分子构象（第 2 泳道），而正常的 DNA 分子以超螺旋构象为主（第 1 泳道）。然而，加入海菜花多酚提取物或 Trolox 后，未观察到线型 DNA 分子构象，且开环的 DNA 分子构象明显减少（第 3～8 泳道），说明海菜花多酚提取物和 Trolox 都可以保护·OH 攻击 pBR322 质粒 DNA 后导致的磷酸二酯链双链的断裂。

为了进一步明确海菜花多酚提取物对·OH 介导的 DNA 损伤的保护程度，采用凝胶成像系统对 DNA 电泳图进行半定量分析，用 DNA 超螺旋百分比（％）表示对 DNA 损伤的保护程度，超螺旋百分比越大，表示对 DNA 损伤的保护作用越强。海菜花多酚提取物和 Trolox 对·OH 介导的 DNA 损伤的保护作用的半定量分析结果见图 4-2。由图 4-2 可以看出，对照组即正常 pBR322 质粒 DNA，其超螺旋 DNA 的百分比接近 100％；损伤组超螺旋 DNA 的百分比只有 5％，说明 DNA 被·OH 损伤严重；添加了 25～800 $\mu g/mL$ 浓度的海菜花花苞（图 4-2A）、花梗（图 4-2B）、叶子（图 4-2C）多酚提取物以及 Trolox（图 4-2D）溶液后，DNA 超螺旋百分比依次为 65.15％～95.91％，56.06％～94.06％，65.78％～95.77％，95.21％～96.86％，且花苞多酚提取物浓度为 800 $\mu g/mL$、叶子多酚提取物浓度为 200 $\mu g/mL$ 时，DNA 超螺旋百分比最高，分别达到 95.91％、95.77％，保护作用最强,与 Trolox 对·OH 介导的 DNA 损伤的保护作用相当,表明海菜花多酚提取物对·OH 介导的 DNA 损伤具有较强的保护作用。已有研究显示,植物多酚具有·OH 清除活性和 Fe^{2+} 螯合能力,在此体系中,海菜花多酚提取物可能通过提供氢原子或电子直接清除·OH,也可能通过螯合 Fe^{2+} 来保护 DNA 的损伤。

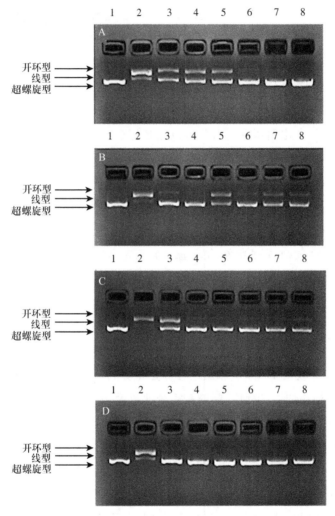

图 4-1 海菜花不同部位多酚提取物和 Trolox 对·OH 介导的 DNA 损伤的保护作用的电泳图
[A. 花苞;B. 花梗;C. 叶子;D. Trolox;第 1 泳道,正常 pBR322 质粒 DNA;第 2 泳道,$FeSO_4$＋H_2O_2＋pBR322 质粒 DNA;第 3～8 泳道,分别为 25 $\mu g/mL$、50 $\mu g/mL$、100 $\mu g/mL$、200 $\mu g/mL$、400 $\mu g/mL$ 和 800 $\mu g/mL$ 海菜花多酚提取物(或 Trolox)＋$FeSO_4$＋H_2O_2＋pBR322 质粒 DNA]

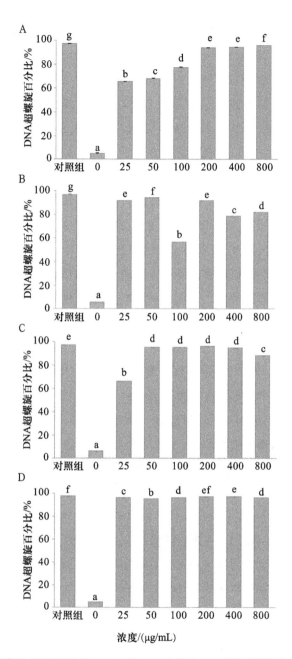

图 4-2　海菜花不同部位多酚提取物和 Trolox 对·OH 介导的 DNA 损伤的保护作用的半定量分析结果

[A. 花苞；B. 花梗；C. 叶子；D. Trolox；不同小写字母表示差异具有统计学意义（$P < 0.05$）；对照组即正常 pBR322 质粒]

此外,对于花苞(图 4-2A),多酚提取物浓度在 $25\sim200$ μg/mL 时,随着浓度增加,保护作用显著增强($P<0.05$),但是当浓度为 $200\sim400$ μg/mL 时,随着浓度再增大,保护作用并没有显著增强,当浓度增大到 800 μg/mL,DNA 超螺旋百分比达到最大 95.91%,接近正常质粒 DNA 中的超螺旋百分比 97.21%(对照组),说明当浓度达到 200 μg/mL 时,对 DNA 损伤的保护作用已基本达到饱和状态;对于花梗(图 4-2B),提取物浓度为 $25\sim50$ μg/mL 时,随着浓度增大,保护作用逐渐增强($P<0.05$),当提取物浓度为 50 μg/mL 时,对 DNA 损伤的保护作用最大,DNA 超螺旋百分比为 94.06%,而当浓度增加到 100 μg/mL 时,对 DNA 损伤的保护作用反而下降,DNA 超螺旋百分比仅为 56.06%,继续增加浓度至 200 μg/mL 时,保护作用显著增强($P<0.05$),DNA 超螺旋百分比为 91.40%,然而浓度继续增加至 $200\sim800$ μg/mL 时,保护作用再次下降;对于叶子(图 4-2C),提取物浓度为 $25\sim50$ μg/mL 时,随着浓度增大,保护作用显著增强($P<0.05$),继续增大浓度至 $50\sim400$ μg/mL 时,保护作用无显著性差异,然而当浓度增至 800 μg/mL 时,保护作用反而下降。

以上分析表明,海菜花不同部位多酚提取物对·OH 介导的 DNA 损伤的保护作用并不都是随着浓度的增加而呈上升趋势,这可能是因为海菜花多酚提取物中的非酚类物质,对 DNA 损伤的保护也具有一定的贡献。

2. 海菜花多酚提取物对 ROO·介导的 DNA 损伤的保护作用

过氧自由基(ROO·)可以使蛋白质分子交联生成变性的聚合物,从而对机体造成损伤。通过体外 AAPH 自由基作为引发剂,产生过氧自由基(ROO·)攻击 pBR322 质粒 DNA 试验体系,对于海菜花花苞、花梗和叶子多酚提取物和 Trolox 对 ROO·介导的 DNA 损伤的保护作用进行研究,结果见图 4-3 和图 4-4。

由图 4-3 可以看出,与·OH 攻击质粒 DNA 损伤体系结果相同,正常 pBR322 质粒 DNA 主要以超螺旋 DNA 分子为主(第 1 泳道),添加了 AAPH 自由基引发产生 ROO·攻击质粒 DNA 后,超螺旋形式转变成了开环和线型形式,以开环和线型形式的 DNA 为主(第 2 泳道);然而,添加了不同浓度的海菜花多酚提取物或 Trolox 溶液后,未出现线型构象的 DNA 分子,且开环的 DNA 分子构象逐渐减少,超螺旋的 DNA 分子逐渐增多(第 3~8 泳道),表明海菜花多酚提取物或 Trolox 均可以有效保护过氧自由基(ROO·)介导的 DNA 损伤。

　　为了进一步明确海菜花不同部位多酚提取物和 Trolox 对 ROO·介导的
DNA 损伤的保护程度,同样采用凝胶成像系统对 DNA 电泳图进行半定量分析,
以 DNA 超螺旋百分比表示对 DNA 损伤的保护程度,结果见图 4-4。由图 4-4 可以

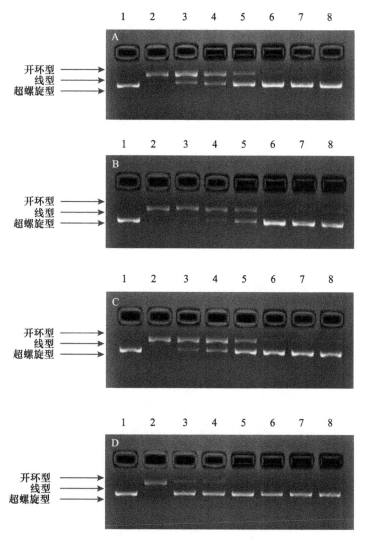

图 4-3　海菜花不同部位多酚提取物和 Trolox 对 ROO·介导的 DNA 损伤的保护作用的电泳图
[A. 花苞;B. 花梗;C. 叶子;D. Trolox;第 1 泳道,正常 pBR322 质粒 DNA;第 2 泳道,AAPH+
pBR322 质粒 DNA;第 3～8 泳道,分别为 25 μg/mL、50 μg/mL、100 μg/mL、200 μg/mL、
400 μg/mL 和 800 μg/mL 海菜花多酚提取物(或 Trolox)+AAPH+pBR322 质粒 DNA]

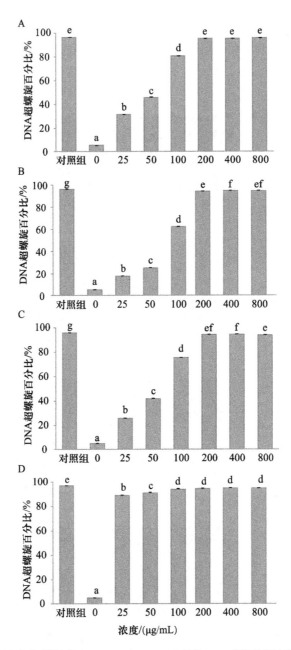

图 4-4　海菜花不同部位多酚提取物和 Trolox 对 ROO· 介导的 DNA 损伤的保护作用的半定量分析结果

[A. 花苞；B. 花梗；C. 叶子；D. Trolox；不同小写字母表示差异具有统计学意义($P<0.05$)；对照组即正常 pBR322 质粒 DNA]

看出,加入浓度为 25～800 μg/mL 的海菜花花苞(图 4-4A)、花梗(图 4-4B)、叶子(图 4-4C)多酚提取物后,DNA 超螺旋百分比依次为 30.90%～95.37%,17.39%～94.45%,25.37%～94.30%,对 ROO·介导的 DNA 损伤的保护作用花苞最强,其次为花梗,叶子最弱,这与本章之前的研究结果"花苞的抗氧化活性最强,其次为花梗,叶子最弱"一致。海菜花不同部位对 ROO·介导的 DNA 损伤的保护作用的差异与多酚提取物中酚类化合物的组成差异有关。

由图 4-4 可以看出,在浓度 25～200 μg/mL 时,海菜花不同部位多酚提取物对 ROO·介导的 DNA 损伤的保护作用随着浓度的增加逐渐增强,且不同浓度之间 DNA 超螺旋百分比差异具有统计学意义($P<0.05$);但是当浓度继续增加至 200～800 μg/mL 时,大体上随着浓度进一步增大保护作用并没有显著增强,提取物浓度达到 200 μg/mL 时,对 DNA 损伤的保护作用基本达到饱和状态。在浓度 200～800 μg/mL 时,花苞、花梗和叶子多酚提取物对 DNA 损伤的保护作用——DNA 超螺旋百分比分别为 94.93%～95.37%,94.04%～94.45%,93.66%～94.30%,此时,DNA 超螺旋百分比与正常对照组相当,略高于 Trolox(94.19%～94.65%)。因此,当浓度为 200～800 μg/mL 时,海菜花多酚提取物对 ROO·介导的 DNA 损伤的保护作用略强于 Trolox。

ROO·是启动脂质过氧化链式反应中非常重要的一个因素,海菜花多酚提取物对 AAPH 热分解产生的 ROO·介导的 DNA 损伤具有很强的保护作用,表明海菜花多酚可以抑制脂质过氧化。此外,过氧自由基和脂质过氧化都可以引起 DNA 的突变,从而进一步诱发癌症,因此海菜花多酚提取物是一种潜在的防止剂。

4.4.3　海菜花多酚提取物对消化酶的抑制活性

1. 海菜花多酚提取物对 α-葡萄糖苷酶的抑制活性

(1) IC_{50} 值

海菜花不同部位多酚提取物和阿卡波糖对 α-葡萄糖苷酶抑制活性的 IC_{50} 值结果见表 4-3。由表 4-3 中的数据可以看出,海菜花花苞、花梗和叶子多酚提取物以及阿卡波糖在测试浓度范围内,对 α-葡萄糖苷酶具有明显的抑制作用,且呈现浓度依赖关系。随着浓度的增加,酶抑制活性增强。在测试浓度范围内(25～400 μg/

mL),海菜花花苞、花梗、叶子的多酚提取物对 α-葡萄糖苷酶的抑制活性分别为
27.33%~88.89%、14.78%~73.81%和 29.43%~79.47%。在测试浓度范围
内(0.25×10³~4.00×10³ μg/mL),阿卡波糖对 α-葡萄糖苷酶的抑制活性为
13.33%~53.38%。

　　根据拟合曲线方程计算出了海菜花不同部位多酚提取物以及阿卡波糖的 IC$_{50}$
值(表 4-3),IC$_{50}$ 值越小,说明酶抑制作用越强。结果显示,海菜花不同部位多酚
提取物对 α-葡萄糖苷酶抑制活性的 IC$_{50}$ 值均小于阿卡波糖,说明海菜花多酚提
取物对 α-葡萄糖苷酶的抑制活性明显强于阿卡波糖;并且不同部位之间的 IC$_{50}$
值具有显著差异($P<0.05$),花苞的 IC$_{50}$ 值最小(59.76 μg/mL),其次为叶子
(66.28 μg/mL),花梗最大(137.72 μg/mL),说明花苞多酚提取物对 α-葡萄糖苷
酶的抑制活性最强,其次为叶子,花梗最弱。这与海菜花不同部位多酚提取物中
酚含量的结果不一致。之前的研究结果显示,花苞中主要含有木犀草素及其糖
苷等黄酮类,而且鸢尾黄素-7-O-葡萄糖苷(鸢尾苷)、鸢尾黄素-7-O-葡萄糖基-4'-
O-乙酰化葡萄糖苷、桑色素等只在花苞中鉴定出来;花梗和叶子中主要含有咖啡
酰苹果酸、阿魏酰奎宁酸和绿原酸等羟基肉桂酸类和槲皮素糖苷等黄酮醇类,而
且芥子酰基己糖苷等只在叶子中鉴定出来,表明提取物中酚类化合物的组成对
α-葡萄糖苷酶活性的抑制也有影响。

表 4-3　海菜花不同部位多酚提取物和阿卡波糖对 α-葡萄糖苷酶抑制活性的 IC$_{50}$ 值

项目	浓度/(μg/mL)	抑制率/%	IC$_{50}$/(μg/mL)
花苞	25.00	27.33 ± 1.10	
	50.00	48.34 ± 1.00	
	100.00	64.46 ± 2.99	59.76 ± 4.07 a
	200.00	77.72 ± 1.66	
	400.00	88.89 ± 0.05	
花梗	25.00	14.78 ± 1.49	
	50.00	35.19 ± 0.15	
	100.00	42.26 ± 0.45	137.72±1.59 c
	200.00	52.66 ± 0.89	
	400.00	73.81 ± 0.59	

续表 4-3

项目	浓度/(μg/mL)	抑制率/%	IC$_{50}$/(μg/mL)
叶子	25.00	29.43 ± 0.35	66.28±0.13 b
	50.00	48.85 ± 0.06	
叶子	100.00	58.66 ± 0.87	66.28±0.13 b
	200.00	69.37 ± 1.69	
	400.00	79.47 ± 0.01	
阿卡波糖	0.25×10^3	13.33±0.32	3.16×10^3±98.99
	0.50×10^3	28.84±0.29	
	1.00×10^3	35.46±1.58	
	2.00×10^3	41.77±0.95	
	4.00×10^3	53.38±0.77	

注:同一列不同字母表示差异具有统计学意义($P<0.05$)。

(2)酶抑制作用动力学

本书对于海菜花多酚提取物对 α-葡萄糖苷酶的抑制作用动力学进行了研究。根据试验结果,以 PNP 含量为横坐标,以吸光度值为纵坐标作图,建立 PNP 标准曲线,如图 4-5 所示。以 PNP 为标准品测定生成物生成量的标准曲线方程为:$y = 6.902\ 4x + 0.002\ 6$ (0~0.2 μmol),相关系数 $R^2 = 0.998\ 4$,其中 y 为 405 nm 波长处的吸光度值,x 为 PNP 含量（μmol）,可以看出,PNP 标准曲线,在测试浓度范围内,线性相关性良好。

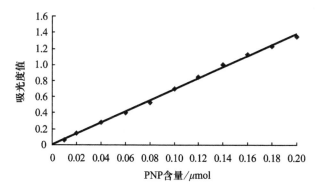

图 4-5　PNP 标准曲线

然后,采用 Lineweaver-Burk 双倒数作图法,根据下列方程式:

$$\frac{1}{V} = \frac{K_m}{V_{max}} \cdot \frac{1}{[S]} + \frac{1}{V_{max}} \tag{4-4}$$

以 $1/V \sim 1/[S]$ 作图,得出一条直线,其中纵轴截距为 $1/V_{max}$,斜率为 K_m/V_{max}。海菜花不同部位多酚提取物对 α-葡萄糖苷酶的抑制动力学的双倒数曲线见图 4-6。由图 4-6 可以看出,随着多酚提取物浓度的增大,直线斜率和纵轴截距都逐渐增大,并且相交于第三象限内,表明是混合非竞争性抑制模式,与之前 Alkazaz 等提出的抑制模式一致。

根据试验结果,对双倒数曲线进行线性拟合,根据线性方程获得斜率和纵轴截距,从而计算出 K_m 和 V_{max},海菜花不同部位多酚提取物对 α-葡萄糖苷酶的抑制作用动力学特性见表 4-4。由表 4-4 可知,与对照相比,海菜花花苞、花梗和叶子多酚提取物随着浓度的增加,V_{max} 逐渐降低。这是由于在混合非竞争性抑制模式中,海菜花多酚提取物可以与酶(E)以及酶底物复合物(ES)结合生成酶底物抑制剂(ESI)复合物,而不是一个催化位点。与多酚提取物的结合改变了底物的亲和力,从而导致随着酚浓度的增加 V_{max} 相应减小。

表 4-4   海菜花不同部位多酚提取物对 α-葡萄糖苷酶的抑制作用动力学特性

动力学特性	花苞	花梗	叶子
K_m/(mmol/L)	7.7	7.7	7.7
V_{max}/(μmol/min)	55.4×10^{-3} (对照)	55.4×10^{-3} (对照)	55.4×10^{-3} (对照)
V'_{max}/(μmol/min)	4.8×10^{-3} (0.1 mg/mL)	4.1×10^{-3} (0.3 mg/mL)	8.0×10^{-3} (0.1 mg/mL)
V'_{max}/(μmol/min)	2.7×10^{-3} (0.2 mg/mL)	2.8×10^{-3} (0.6 mg/mL)	6.3×10^{-3} (0.2 mg/mL)
抑制类型	混合非竞争性抑制	混合非竞争性抑制	混合非竞争性抑制

2. 海菜花多酚提取物对胰脂肪酶的抑制活性

(1)IC_{50} 值

海菜花多酚提取物和奥利司他对胰脂肪酶抑制活性的 IC$_{50}$ 值见表 4-5。由

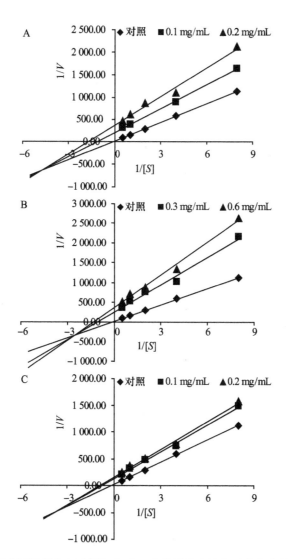

图 4-6　海菜花不同部位多酚提取物对 α-葡萄糖苷酶的抑制动力学的双倒数曲线

（A.花苞；B.花梗；C.叶子；V 为反应速率；[S]为底物浓度）

表 4-5 中数据可以看出，海菜花花苞、花梗和叶子多酚提取物以及奥利司他在测试浓度范围内，对胰脂肪酶都具有明显的抑制活性，且呈现浓度依赖关系。随着多酚提取物浓度的增加，抑制活性增强。在测试浓度范围内（0.25～4.00 mg/mL），海菜花花苞、花梗和叶子多酚提取物以及奥利司他对胰脂肪酶的抑制活性分别为 5.46%～90.37%、10.54%～90.83%、6.22%～91.81%、18.96%～88.89%。

　　根据拟合曲线方程计算出了海菜花不同部位多酚提取物以及奥利司他的 IC_{50} 值(表 4-5),IC_{50} 值越小,说明酶抑制作用越强。结果显示,奥利司他对胰脂肪酶抑制活性的 IC_{50} 值明显小于海菜花多酚提取物,表明奥利司他对胰脂肪酶抑制活性明显强于海菜花多酚提取物;海菜花不同部位多酚提取物对胰脂肪酶抑制活性与 α-葡萄糖苷酶抑制活性结果一致,花苞和叶子多酚提取物对胰脂肪酶抑制活性的 IC_{50} 值接近(1.07 mg/mL 和 1.06 mg/mL),且小于花梗(1.16 mg/mL),表明花苞和叶子多酚提取物对胰脂肪酶抑制活性强于花梗。

表 4-5　海菜花多酚提取物和奥利司他对胰脂肪酶抑制活性的 IC_{50} 值

项目	浓度/(mg/mL)	抑制率/%	IC_{50}/(mg/mL)
花苞	0.25	5.46 ± 0.17	
	0.50	30.25 ± 1.50	
	1.00	44.12 ± 1.89	1.07 ± 0.03 a
	2.00	69.83 ± 0.21	
	4.00	90.37 ± 1.39	
花梗	0.25	10.54 ± 1.72	
	0.50	22.97 ± 1.29	
	1.00	38.21 ± 1.89	1.16± 0.01 b
	2.00	66.19 ± 1.07	
	4.00	90.83 ± 1.39	
叶子	0.25	6.22 ± 0.96	
	0.50	27.29 ± 1.03	
	1.00	46.17 ± 0.21	1.06±0.05 a
	2.00	69.90 ± 1.39	
	4.00	91.81 ± 0.42	
奥利司他	0.25	18.96±0.94	
	0.50	41.75±0.62	
	1.00	55.12±1.17	0.82±0.00
	2.00	69.78±0.14	
	4.00	88.89±0.73	

注:同一列不同字母表示差异具有统计学意义($P<0.05$)。

（2）酶抑制作用动力学

本文对于海菜花多酚提取物对胰脂肪酶的抑制作用的动力学进行了研究。先根据试验结果，以 4-MU 含量为横坐标，以荧光光度值为纵坐标作图，建立 4-MU 标准曲线，如图 4-7 所示。以 4-MU 为标准品测定生成物生成量的标准曲线方程为：$y=29.781\ 8x + 0.264\ 6\ (0\sim0.48\ \mu\text{mol})$，相关系数 $R^2=0.999\ 0$，其中 y 为激发波长 365 nm、发射波长 447 nm 下的荧光光度值，x 为 4-MU 含量（μmol），可以看出，4-MU 标准曲线在测试浓度范围内，线性相关性良好。

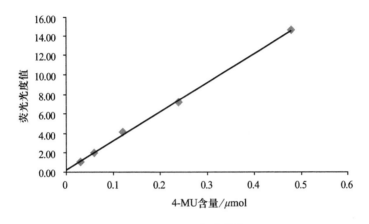

图 4-7　4-MU 标准曲线

与 α-葡萄糖苷酶体系相同，以 $1/V\sim1/[\text{S}]$ 作图，得出一条直线，其中纵轴截距为 $1/V_{\max}$，斜率为 $K_{\text{m}}/V_{\max}$。海菜花不同部位多酚提取物对胰脂肪酶的抑制动力学的双倒数曲线见图 4-8。由图 4-8 可以看出，随着多酚提取物浓度的增大，直线斜率增大，但纵轴截距不变，并且相交于纵轴上一点，这是竞争性抑制作用的特点，表明海菜花多酚提取物对胰脂肪酶的抑制是竞争性抑制类型。

海菜花不同部位多酚提取物对胰脂肪酶抑制的动力学特性见表 4-6。与对照相比，海菜花花苞、花梗和叶子多酚提取物随着浓度的增加，K_{m} 增大，$V_{\max}$ 保持不变。这是由于在竞争性抑制模式中，酶（E）不能同时与底物（S）和抑制剂（I）结合，所有体系中有酶底物复合物（ES）和酶抑制剂复合物（EI），但没有酶底物抑制剂（ESI）复合物。海菜花多酚提取物与底物竞争，与酶结合，从而导致随着酚浓度的增加 K_{m} 增大，$V_{\max}$ 保持不变。

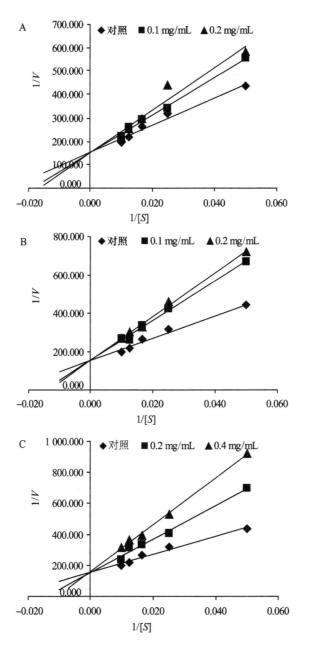

图 4-8　海菜花不同部位多酚提取物对胰脂肪酶的抑制动力学的双倒数曲线

（A.花苞；B.花梗；C.叶子；V 为反应速率；[S]为底物浓度）

表 4-6　海菜花不同部位多酚提取物对胰脂肪酶抑制的动力学特性

动力学特性	花苞	花梗	叶子
$K_m/(\text{mmol/L})$	3.8×10^{-2}	3.8×10^{-2}	3.8×10^{-2}
$V_{max}/(\mu\text{mol/min})$	6.5×10^{-3} （对照）	6.5×10^{-3} （对照）	6.5×10^{-3} （对照）
$V'_{max}/(\mu\text{mol/min})$	6.6×10^{-3} （0.1 mg/mL）	6.4×10^{-3} （0.1 mg/mL）	6.6×10^{-3} （0.2 mg/mL）
$V'_{max}/(\mu\text{mol/min})$	6.7×10^{-3} （0.2 mg/mL）	6.4×10^{-3} （0.2 mg/mL）	6.3×10^{-3} （0.4 mg/mL）
抑制类型	竞争性抑制	竞争性抑制	竞争性抑制

4.5　讨　论

　　酚类化合物的抗氧化活性归功于它们具有自由基清除能力,能够提供氢原子或质子以及螯合金属离子。酚类化合物的结构是其抗氧化能力的重要决定因子,称为结构-活性关系。对酚酸而言,其抗氧化活性取决于羟基相对于羧基的数量和位置。邻羟基苯甲酸和对羟基苯甲酸均无抗氧化活性,但间羟基苯甲酸却具有抗氧化活性。酚酸的抗氧化活性随着羟基化程度的增加而增加,如三羟基没食子酸抗氧化活性较高。与相应的羟基苯甲酸相比,羟基肉桂酸具有更高的抗氧化活性。这可能与羟基肉桂酸中含有—CH=CHCOOH 基团有关,与羟基苯甲酸中的—COOH 基团相比,该基团具有更强的供氢能力和自由基稳定性。由于黄酮类化合物分子结构相对复杂,其构效关系比羟基苯甲酸和羟基肉桂酸要复杂。黄酮类化合物的结构特性和苯环上的取代基决定着其抗氧化活性。结果显示,海菜花花苞提取物抗氧化活性最强,其次为花梗,叶子最弱。海菜花不同部位酚类化合物组成分析结果显示,花苞中主要含有木犀草素及其糖苷等黄酮类,花梗和叶子中主要含有咖啡酰苹果酸、阿魏酰奎宁酸和绿原酸等羟基肉桂酸类和槲皮素糖苷等黄酮醇类。海菜花不同部位抗氧化活性的差异可以归因于其所含有的酚类化合物单体的不同。

抗氧化活性的评价方法有体内和体外两种。体外评价方法有 DPPH 自由基清除能力、铁还原力、Trolox 等量抗氧化活性、金属离子螯合能力、胡萝卜素亚油酸体系等。本书采用 4 种不同的体外评价方法,对海菜花不同部位的抗氧化能力进行了评价。试验结果表明,海菜花具有较强的抗氧化能力,能清除 DPPH、·OH 和 ABTS· 自由基,并具有铁还原能力,同时能保护·OH 和 ROO· 介导的 DNA 损伤。下一步可以通过大量的体内活性实验研究海菜花多酚提取物对氧化应激相关的疾病(心血管疾病、糖尿病、肥胖、癌症等)的预防和治疗功效,以拓展其药用功能。

α-葡萄糖苷酶是影响膳食中碳水化合物消化和吸收的一种关键酶,通过抑制 α-葡萄糖苷酶的活性可以减缓肠道对葡萄糖的吸收,从而有效缓解餐后的高血糖。在糖尿病早期治疗中控制餐后血糖水平是一种关键方法。因此,出现了许多治疗 2 型糖尿病的药物 α-葡萄糖苷酶抑制剂,如阿卡波糖。阿卡波糖因此也常用作 α-葡萄糖苷酶抑制试验中的阳性对照。本试验中海菜花多酚提取物对 α-葡萄糖苷酶的抑制作用甚至强于阳性对照阿卡波糖,这与 Figueiredo-González 等对于橄榄油多酚提取物对 α-葡萄糖苷酶的抑制强于阿卡波糖的研究结果一致。由于化学合成药物毒副作用较大,从天然产物中寻找安全、高效的 α-葡萄糖苷酶抑制剂成为目前研究的热点。研究结果显示,海菜花多酚提取物对 α-葡萄糖苷酶具有显著的抑制活性,而且通过酶抑制动力学(抑制机理)研究,海菜花多酚提取物对 α-葡萄糖苷酶的抑制属于混合非竞争性抑制类型,即海菜花多酚提取物可能通过氢键或疏水键与 α-葡萄糖苷酶的活性位点结合,从而改变酶分子构象,降低酶的活性。这表明海菜花多酚提取物可能具有降血糖的功能,可用于 2 型糖尿病的辅助治疗,但还需要进一步通过体内外试验进行验证。高脂血症是指血脂水平过高。大量的流行病学和临床研究表明,高脂血症是动脉粥样硬化、胰岛素抵抗、糖尿病和肥胖的危险因素。因此,预防高脂血症引起了全世界的关注。甘油三酯必须经脂肪酶水解,才能被人体消化和吸收。因此,抑制脂肪酶的活性可以有效地降低甘油三酯在肠道内的吸收,从而预防高脂血症和肥胖。与脂肪酶抑制剂药物(如奥利司他)相比,通过膳食预防高脂血症无副作用,因此研究食品中预防高脂血症的膳食成分引起了许多学者的关注。试验结果表明,海菜花多酚提取物能有效抑制胰脂肪酶的活性,且抑制机理为竞争性抑制类型,表明海菜花多酚提取物可能具有降血脂的功能,可用于高脂血症的预防与治疗,进而可以辅助减肥。

　　膳食多酚的健康作用依赖于其在人体内的消化、吸收和代谢,而多酚的结构、与其他酚类物质的结合、糖苷化/酰化程度、分子大小和溶解度又决定着其在人体内的消化、吸收和代谢程度。另外,细胞壁的结构、糖苷的位置以及酚类化合物与食品基质的结合都会影响酚类化合物的生物利用率。海菜花多酚的吸收、代谢和生物利用率方面,还有待进一步的研究。

4.6　本章小结

　　本章主要研究了海菜花花苞、花梗和叶子多酚提取物的抗氧化活性、对羟基自由基和过氧自由基介导的 DNA 损伤的保护作用,以及对 α-葡萄糖苷酶和胰脂肪酶的抑制活性,得到以下主要结论。

　　(1)海菜花多酚提取物具有显著的抗氧化作用,其 DPPH 值、FRAP 值和 TE-AC 值分别为 1.89~2.25 mmol TE/g 提取物,4.31~5.61 mmol Fe(Ⅱ)/g 提取物和 1.13~1.51 mmol TE/g 提取物;花苞、花梗和叶子清除羟基自由基的 IC_{50} 值分别为 0.44 mg/mL、1.01 mg/mL 和 1.77 mg/mL,且在 4 种抗氧化评价体系中,都是花苞抗氧化能力最强,其次为花梗,叶子最弱。

　　(2)海菜花多酚提取物对羟基自由基和过氧自由基介导的 DNA 损伤都有很强的保护作用。在测试浓度 25~800 $\mu g/mL$ 范围内,海菜花花苞、花梗、叶子多酚提取物对羟基自由基介导的 DNA 损伤保护作用的超螺旋百分比分别为 65.15%~95.91%,56.06%~94.06% 和 65.78%~95.77%,对过氧自由基介导的 DNA 损伤保护作用的超螺旋百分比分别为 30.90%~95.37%,17.39%~94.45% 和 25.37%~94.30%。

　　(3)海菜花多酚提取物对 α-葡萄糖苷酶和胰脂肪酶都具有很强的抑制作用。在测试浓度范围内(25~400 $\mu g/mL$),海菜花花苞、花梗和叶子多酚提取物对 α-葡萄糖苷酶的抑制率分别为 27.33%~88.89%、14.78%~73.81% 和 29.43%~79.47%,花苞对 α-葡萄糖苷酶抑制活性的 IC_{50} 值最小(59.76 $\mu g/mL$),其次为叶子(66.28 $\mu g/mL$),花梗最大(137.72 $\mu g/mL$),抑制类型属于混合非竞争性抑制;在测试浓度范围内(0.25～4.00 mg/mL),海菜花花苞、花梗和叶子多酚提取物对胰脂肪酶的抑制活性分别为 5.46%～90.37%、10.54%～90.83%和 6.22%～91.81%,花苞和叶子多酚提取物对胰脂肪酶抑制活性的 IC_{50} 值接近(1.07 mg/mL 和 1.06 mg/mL)且小于花梗(1.16 mg/mL),抑制类型属于竞争性抑制。

第5章 结论与展望

5.1 结 论

本文以我国云贵高原及西南邻区特有的珍稀药食两用植物海菜花为研究对象,采用 GC-MS、HPLC、HPLC-PAD-ESI-TOF-MS、荧光光度法、原子吸收分光光度法等技术,系统研究了其营养成分、多酚的组成以及多酚的生物活性。主要得出以下结论:

(1)海菜花的水分含量为 91.94~95.46 g/100 g,粗纤维含量为 10.16~13.33 g/100 g,还原糖含量为 3.66~7.37 g/100 g,总糖含量为 9.91~19.89 g/100 g,主要含有的单糖为果糖和葡萄糖,且各营养成分在花苞、花梗和叶子中的含量存在差异。

(2)海菜花果胶产量为 1.60~8.73 g/100 g。海菜花花苞果胶是带负电荷的低甲氧基果胶,分子量较高,其单糖主要由半乳糖、木糖和葡萄糖组成;果胶的电荷密度和分子形态随着 pH 的变化而显著变化;果胶黏度与温度和浓度的关系式为:$\eta = 0.016\,8\,3\,\exp\,[16.328\,3\,\exp\,(0.026\,2\,C)/RT]\,(C)^{-1.581\,6}$;在果胶浓度为 2.0 g/100 mL 时,可获得含 50% 油层(V/V)的稳定乳液,在果胶浓度为 1.0 g/100 mL 时,含 50%油层的乳液在 7 d 内稳定,之后所有的乳液在不同 pH、Na^+ 和 Ca^{2+} 浓度下能够观察到明显的乳液分离层。

(3)海菜花粗蛋白含量为 17.66~24.27 g/100 g,总氨基酸含量达到 214.33~501.79 mg/g,含量最丰富的氨基酸为谷氨酸,且都是叶子中含量最高,其次为花苞中,花梗中最少;必需氨基酸占总氨基酸的比例达到 40%,必需氨基酸与非必需氨基酸的比例超过 60%,且支链氨基酸和鲜味氨基酸含量较为丰富。

(4)海菜花的粗脂肪含量为 8.93~10.33 g/100 g,总脂肪酸含量为 1 978.55~

3 680.45 μg/g,且都是叶子中含量最高,其次为花苞中,花梗中含量最少;海菜花中主要的脂肪酸为棕榈酸、硬脂酸、山嵛酸、木蜡酸、棕榈油酸、α-亚麻酸、芥子酸和神经酸,且在海菜花不同部位中的含量与总脂肪酸一致。

(5)海菜花维生素 B_2 含量为 0.11～0.18 mg/100 g,维生素 C 的含量为 40.57～119.72 mg/100 g,维生素 E 含量为 1.71～4.39 mg/100 g,且在不同部位中含量不同;海菜花中含量最丰富的矿物质元素是 K,其次是 Ca、Fe、Mn、Mg 和 Zn,Cu 含量最低,且同一种矿物质元素在海菜花不同部位含量不同。

(6)海菜花多酚提取得率为 34.00～48.95 mg/g,酚含量为 257.62～388.19 mg/g;首次从海菜花多酚提取物中鉴定出 42 种单体酚类化合物,其中酚酸 16 种,黄酮 26 种;分别从花苞、花梗和叶子中鉴定出 38 种、31 种和 27 种单体酚类化合物;黄酮、黄酮醇和羟基肉桂酸是海菜花中主要的酚类化合物,其中以木犀草素及其糖苷、槲皮素糖苷、绿原酸、咖啡酰苹果酸含量最为丰富;从花苞中鉴定出一种鲜有报道的异黄酮鸢尾黄素 7-O-葡萄糖基-4′-O-乙酰化葡萄糖苷。

(7)海菜花总单体酚含量为 150.57～291.15 mg/g;花苞中,黄酮含量最高(152.20 mg/g),并以木犀草素及其糖苷为主;其次为羟基肉桂酸(87.23 mg/g),其中以绿原酸及其衍生物、咖啡酰苹果酸和 5-O-阿魏酰奎宁酸含量最为丰富。花梗中,羟基肉桂酸含量最高(158.18 mg/g),且以咖啡酰苹果酸、绿原酸、5-O-阿魏酰奎宁酸为主;其次为黄酮醇(111.63 mg/g),其中以槲皮素糖苷含量最为丰富。叶子的多酚组成大体上与花梗一致。

(8)海菜花多酚提取物具有显著的抗氧化作用,其 DPPH 值、FRAP 值和 TEAC 值分别为 1.89～2.25 mmol TE/g,4.31～5.61 mmol Fe(Ⅱ)/g 和 1.13～1.51 mmol TE/g;清除羟基自由基的 IC_{50} 值分别为 0.44 mg/mL、1.01 mg/mL 和 1.77 mg/mL,且在 4 种抗氧化评价体系中,都是花苞抗氧化能力最强,其次为花梗,叶子最弱。

(9)海菜花多酚提取物对羟基自由基和过氧自由基介导的 DNA 损伤都有很强的保护作用。在测试浓度范围内(25～800 μg/mL),海菜花花苞、花梗、叶子多酚提取物对羟基自由基介导的 DNA 损伤保护作用的超螺旋百分比分别为 65.15%～95.91%,56.06%～94.06% 和 65.78%～95.77%,对过氧自由基介导的 DNA 损伤保护作用的超螺旋百分比分别为 30.90%～95.37%,17.39%～

94.45％和 25.37％～94.30％。

(10)海菜花多酚提取物对 α-葡萄糖苷酶和胰脂肪酶都具有很强的抑制作用。在测试浓度范围内(25～400 $\mu g/mL$),海菜花花苞、花梗和叶子多酚提取物对 α-葡萄糖苷酶的抑制率分别为 27.33％～88.89％、14.78％～73.81％和29.43％～79.47％,花苞对 α-葡萄糖苷酶抑制活性的 IC_{50} 值最小(59.76 $\mu g/mL$),其次为叶子(66.28 $\mu g/mL$),花梗最大(137.72 $\mu g/mL$),抑制类型属于混合非竞争性抑制;在测试浓度范围内(0.25～4.00 mg/mL),海菜花花苞、花梗和叶子多酚提取物对胰脂肪酶的抑制活性分别为 5.46％～90.37％、10.54％～90.83％和6.22％～91.81％,花苞和叶子多酚提取物对胰脂肪酶抑制活性的 IC_{50} 值接近(1.07 mg/mL 和 1.06 mg/mL)且小于花梗(1.16 mg/mL),抑制类型属于竞争性抑制。

5.2　展　望

(1)本书研究结果表明,海菜花不仅粗蛋白含量高,而且支链氨基酸(缬氨酸、异亮氨酸、亮氨酸)含量丰富,支链氨基酸具有许多生理功效,可以预防和改善许多与衰老相关的疾病,海菜花中支链氨基酸的功能活性仍有待进一步研究。另外,海菜花花苞果胶为低甲氧基果胶,具有良好的乳化性能,可用于果胶食品添加剂的开发。

(2)试验研究表明,海菜花多酚主要由木犀草素及其糖苷、槲皮素糖苷、绿原酸等 10 种成分组成,但哪种物质发挥主要的生物活性以及不同物质之间是否存在协同与拮抗作用,仍有待进一步探讨。

(3)多酚的健康作用依赖于其在体内的吸收和代谢,本书只评价了体外海菜花多酚的生物活性,但在体内的吸收、代谢、功能活性及其作用机制等方面仍有待进一步研究。

参考文献

[1] 曹君,鲁超,孙明,等.深共熔溶剂在分离提取中的应用[J].现代化工,2016(10):29-33.

[2] 陈秀宇.几种人体必需微量元素与人体健康[J].福建师范大学福清分校学报,2006(2):94-96.

[3] 董雄君.大理海菜无公害栽培技术[J].云南农业,2012(2):24-25.

[4] 傅立国,金鉴明.中国植物红皮书:稀有濒危植物(第1册)[M].北京:科学出版社,1992.

[5] 国家环境保护局,中国科学院植物研究所.中国珍稀濒危保护植物名录:第1册[M].北京:科学出版社,1987:37.

[6] 国家中医药管理局.中华本草[M].上海:上海科学技术出版社,1999:7104.

[7] 何景彪,孙祥钟,王徽勤,等.中国海菜花属植物的性状分析[J].武汉植物学研究,1992,10(2):101-108.

[8] 何景彪.中国海菜花属的系统植物学与物种生物学研究[M].武汉:武汉大学出版社,1991:1-11.

[9] 蒋柱檀,李恒,刀志灵,等.云南传统食用植物海菜花(Ottelia acuminata)的民族植物学研究[J].内蒙古师范大学学报(自然科学汉文版),2010,39(2):163-168.

[10] 雷月.蓝靛果多酚提取纯化及其抗氧化活性与稳定性的研究[D].沈阳:沈阳农业大学,2016.

[11] 李恒.海菜花属的分类、地理分布和系统发育[J].植物分类学报,1981,19(1):29-42.

[12] 李恒.横断山区的湖泊植被[J].云南植物研究,1987,9(3):257-270.

[13] 李华安,郭莲菊.水车前抗结核的初步研究[J].中国中药杂志,1995,20(2):115-116,128.

[14] 李原,杨君兴,崔桂华,等.海菜花营养成分初步分析[J].营养学报,2009,31(1):96-97.

[15] 刘晓丽.余甘子.多酚的分离、鉴定与生物活性的研究[D].广州:华南理工大学,2007.

[16] 曲仲湘,李恒.滇池污染和水生生物[M].昆明:云南人民出版社,1983:7-15.

[17] 孙祥钟.中国植物志:第8卷[M].北京:科学出版社,1992:152-190.

[18] 吴征镒.新华本草纲要：第 3 册 [M].上海：上海科学技术出版社,1990:492-549.

[19] 杨恩慈,陆游,谭仁祥,等.鸢尾黄素药理作用的研究进展 [J].中南药学,2011,9：913-916.

[20] 翟书华,樊传章,刘开庆,等.中国特有珍稀水生植物海菜花的生物学特性、濒危原因及保护 [J].北方园艺,2017(23):102-106.

[21] 中国疾病预防控制中心营养与食品安全所.中国食物成分表 [M].2 版.北京：北京大学医学出版社,2017.

[22] 中国科学院昆明植物研究所.云南种子植物名录：下册 [M].昆明：云南人民出版社,1984:1885-1886.

[23] 朱静,杨亚维,郭爱伟,等.云南几大湖泊海菜花营养成分分析 [J].安徽农业科学,2010,38(24):12952-12953.

[24] Ablajan K,Abliz Z,Shang X Y,et al. Structural characterization of flavonol 3,7-di-O-glycosides and determination of the glycosylation position by using negative ion electrospray ionization tandem mass spectrometry [J]. Journal of Mass Spectrometry, 2006, 41: 352-360.

[25] Abu-Reidah I M,Arráez-Román D,Warad I,et al. UHPLC/MS²-based approach for the comprehensive metabolite profiling of bean(*vicia faba* L.)by-products:a promising source of bioactive constituents [J]. Food Research International,2017,93:87-96.

[26] Acosta-Estrada B A,Gutiérrez-Uribe J A,Serna-Saldívar S O. Bound phenolics in foods,a review [J]. Food Chemistry,2014,152(6):46-55.

[27] Alba K,Sagis L M C,Kontogiorgos V. Engineering of acidic O/W emulsions with pectin [J]. Colloid & Surface B Biointerfaces,2016,145:301-308.

[28] Alkazaz M,Desseaux V,Marchis-Mouren G,et al. The mechanism of porcine pancreatic R-amylase:kinetic evidence for two additional carbohydrate binding sites [J]. European journal of biochemistry,1996,241:787-796.

[29] Alvers A L,Fishwick L K,Wood M S,et al. Autophagy and amino acid homeostasis are required for chronological longevity in Saccharomyces cerevisiae [J]. Aging Cell,2009,8 (4):353-369.

[30] AOAC. Official methods of analysis. 18th ed. Washington,DC,USA：Association of Official Analytical Chemist,2005.

[31] Aree T,Jongrungruangchok S. Enhancement of antioxidant activity of green tea epicatechins in β-cyclodextrin cavity:Single-crystal X-ray analysis,DFT calculation and DPPH

assay [J]. Carbohydrate Polymers,2016,151:1139-1151.

[32] Arrojo S,Nerin C,Benito Y. Application of salicylic acid dosimetry to evaluate hydrody-namic cavitation as an advanced oxidation process [J]. Ultrasonics Sonochemistry,2007,14(3):343-349.

[33] Ashoori M, Saedisomeolia A. Riboflavin (vitamin B_2) and oxidative stress: a review [J]. British Nutrition,2014,111(11):1985-1991.

[34] Axelos M A V,Branger M. The effect of the degree of esterification on the thermal stability and chain conformation of pectins [J]. Food Hydrocolloids,1993,7:91-102.

[35] Aziz N,Kim M Y,Cho J Y. Anti-inflammatory effects of luteolin:A review of in vitro,in vivo,and in silico studies [J]. Journal of Ethnopharmacology,2018,225:342-358.

[36] Azmir J,Zaidul I S M,Rahman M M,et al. Techniques for extraction of bioactive com-pounds from plant materials:A review [J]. Journal of Food Engineering,2013,117(4):426-436.

[37] Bae E A,Han M J,Lee K T,et al. Metabolism of 6-O-xylosyltectoridin and tectoridin by human intestinal bacteria and their hypoglycemic and in vitro cytotoxic activities [J]. Biological & Pharmaceutical Bulletin,1999,22(12):1314-1318.

[38] Baucher M,Monties B, Van Montagu M,et al. Biosynthesis and genetic engineering of lignin [J]. Critical Reviews in Plant Sciences,1998,17(2):125-197.

[39] Bergantin C,Maietti A,Cavazzini A, et al. Bioaccessibility and HPLC-MS/MS chemical characterization of phenolic antioxidants in Red Chicory(Cichorium intybus) [J]. Journal of Functional Foods [J]. 2017,33:94-102.

[40] Biwer A,Antranikian G,Heinzle E. Enzymatic production of cyclodextrins [J]. Applied Microbiology and Biotechnology,2002,59(6):609-617.

[41] Bock K,Pedersen C. Carbon-13 nuclear magnetic resonance spectroscopy of monosaccha-rides [J]. Advances in Carbohydrate Chemistry and Biochemistry,1983,41:27-66.

[42] Bogdanov M G. Ionic liquids as alternative solvents for extraction of natural products, alter-native solvents for natural products extraction [M]. 2014:127-166.

[43] Bujor O C,Bourvellec C L,Volf I,et al. Seasonal variations of the phenolic constituents in bilberry(Vaccinium myrtillus L.)leaves,stems and fruits,and their antioxidant activity [J]. Food Chemistry,2016,213:58-68.

[44] Chaieb N,González J L,López-Mesas M,et al. Polyphenols content and antioxidant capacity of thirteen faba bean(Vicia faba L.)genotypes cultivated in Tunisia [J]. Food Research

International,2011,44:970-977.

[45] Chao J B,Tong H B,Li Y F,et al. Investigation on the inclusion behavior of caffeic acid with cyclodextrin [J]. Supramolecular Chemistry,2008,20(5):461-466.

[46] Chattopadhyay I,Biswas K,Bandyopadhyay U,et al. Turmeric and curcumin: Biological actions and medicinal applications [J]. Current Science,2004,87(1):44-53.

[47] Chen J M,Du Z Y,Long Z C,et al. Molecular divergence among varieties of *Ottelia acuminata* (Hydrocharitaceae) in the Yunnan-Guizhou Plateau [J]. Aquatic Botany,2017,140: 62-68.

[48] Chen S,Chu Z. Purification efficiency of nitrogen and phosphorus in *Ottelia acuminata* on four kinds of simulated sewage [J]. Ecological Engineering,2016,93:159-165.

[49] Cheng F C,Jen J F,Tsai T H. Hydroxyl radical in living systems and its separation methods [J]. Journal of Chromatography B,2002,781(1-2):481-496.

[50] Chung Y C,Chang C T,Chao W W,et al. Antioxidative activity and safety of the 50% ethanolic extract from red bean fermented by Bacillus subtilis IMR-NK1 [J]. Journal of Agricultural and Food Chemistry,2002,50:2454-2458.

[51] Cook C D K,Urmi-Konig K. A revision of the genus *Ottelia* (Hydrocharitaceae). 2. the species of Eurasia Australasia and America [J]. Aquatic Botany,1984,20(1-2):131-177.

[52] Corrales M,Toepfl S,Butz P,et al. Extraction of anthocyanins from grape by-products assisted by ultrasonics,high hydrostatic pressure or pulsed electric fields: A comparison [J]. Innovative Food Science & Emerging Technologies,2008,9(1):85-91.

[53] Cunha S C,Fernandes J. Extraction techniques with deep eutectic solvents [J]. Trends in Analytical Chemistry,2018,105:225-239.

[54] Cvjetko Bubalo M,Curko N,Tomasevic M,et al. Green extraction of grape skin phenolics by using deep eutectic solvents [J]. Food Chemstry,2016,200:159-166.

[55] Da Silva R P F F,Rocha-Santos T A P,Duarte A C. Supercritical fluid extraction of bioactive compounds [J]. TrAC-Trends in Analytical Chemistry,2016,76:40-51.

[56] Dai J,Mumper R J. Plant phenolics:extraction,analysis and their antioxidant and anticancer properties [J]. Molecules,2010,15:7313-7352.

[57] Dai J,Mumper R J. Plant phenolics:extraction,analysis and their antioxidant and anticancer properties [J]. Molecules,2010,15(10):7313-7352.

[58] Dai Y,Van S J,Witkamp G J,et al. Ionic liquids and deep eutectic solvents in natural products research:mixtures of solids as extraction solvents [J]. Journal of Natural Prod-

ucts,2013,76(11):2162-2173.

[59] De Veciana M,Major C A,Morgan M A,et al. Postprandial versus preprandial blood glucose monitoring in women with gestational diabetes mellitus requiring insulin therapy [J]. The New England Journal of Medicine,1995,333(19):1237-1241.

[60] Díaz-de-Cerio E,Gómez-Caravaca A M,Verardo V,et al. Determination of guava(*Psidium guajava* L.)leaf phenolic compounds using HPLC-DAD-QTOF-MS [J]. Journal of Functional Foods,2016,22:376-388.

[61] Duan M H,Luo M,Zhao C J,et al. Ionic liquid-based negative pressure cavitation-assisted extraction of three main flavonoids from the pigeonpea roots and its pilot-scale application [J]. Separation and Purification Technology,2013,107:26-36.

[62] Durackova Z. Some current insights into oxidative stress [J]. Physiological Research, 2010,59(4):459-469.

[63] Ebrahimi E,Shirali S,Talaei R. The protective effect of marigold hydroalcoholic extract in STZ-Induced diabetic rats:evaluation of cardiac and pancreatic biomarkers in the serum [J]. Journal of Botany,2016:1-6.

[64] Fabre N,Rustan I,De Hoffmann E,et al. Determination of flavone,flavonol,and flavanone aglycones by negative ion liquid chromatography electrospray ion trap mass spectrometry [J]. Journal of the American Society for Mass Spectrometry,2001,12:707-715.

[65] Figueiredo-González M,Reboredo-Rodríguez P,González-Barreiro C,et al. The involvement of phenolic-rich extracts from Galician autochthonous extra-virgin olive oils against the α-glucosidase and α-amylase inhibition [J]. Food Research International,2019,116: 447-454.

[66] Fumić B,Končić M Z,Jug M. Therapeutic potential of hydroxypropyl-β-cyclodextrin-based extract of *Medicago sativa* in the treatment of mucopolysaccharidoses [J]. Planta Medica,2016,83(01/02):40-50.

[67] Gao C Y,Lu Y H,Tian C R,et al. Main nutrients,phenolics,antioxidant activity,DNA damage protective effect and microstructure of *Sphallerocarpus gracilis* root at different harvest time [J]. Food Chemistry,2011,127(2): 615-622.

[68] Gao C Y,Tian C R,Zhou R,et al. Phenolic composition,DNA damage protective activity and hepatoprotective effect of free phenolic extract from *Sphallerocarpus gracilis* seeds [J]. International Immunopharmacology,2014,20:238-247.

[69] Gao F,Zhou T,Hu Y,et al. Cyclodextrin-based ultrasonic-assisted microwave extraction

and HPLC-PDA-ESI-ITMSn separation and identification of hydrophilic and hydrophobic components of *Polygonum cuspidatum*: a green, rapid and effective process [J]. Industrial Crops and Products, 2016, 80: 59-69.

[70] García G, Aparicio S, Ullah R, et al. Deep eutectic solvents: physicochemical properties and gas separation applications [J]. Energy & Fuels, 2015, 29(4): 2616-2644.

[71] Goetz M E, Luch A. Reactive species: a cell damaging rout assisting to chemical carcinogens [J]. Cancer Letters, 2008, 266(1): 73-83.

[72] Gouveia S, Castilho P C. Characterisation of phenolic acid derivatives and flavonoids from different morphological parts of *Helichrysum obconicum* by a RP-HPLC-DAD-(-)-ESI-MS^n method [J]. Food Chemistry, 2011, 129: 333-344.

[73] Gu T, Zhang M, Tan T, et al. Deep eutectic solvents as novel extraction media for phenolic compounds from model oil [J]. Chemical Communications, 2014, 50(79): 11749-11752.

[74] Guariguata L, Whiting D R, Hambleton I, et al. Global estimates of diabetes prevalence for 2013 and projections for 2035 [J]. Diabetes Research and Clinical Practice, 2014, 103(2): 137-149.

[75] Guo C, Li X F, Gong T, et al. Gelation of *Nicandra physalodes* (Linn.) *Gaertn.* polysaccharide induced by calcium hydroxide: a novel potential pectin source [J]. Food Hydrocoll, 2021, 118: 106756.

[76] Halliwell B, Gutteridge J M C, Aruoma O S. The deoxyribose method: a sample test tube assay for determination of rate constant for reaction of hydroxyl radicals [J]. Analytical Biochemistry, 1987, 165(1): 215-219.

[77] Hansen J M, Go Y M, Jones D P. Nuclear and mitochondrial compartmentation of oxidative stress and redox signaling [J]. Annual Review of Pharmacology and Toxicology, 2006, 46(1): 215-234.

[78] Hollman P C H. Evidence for health benefits of plant phenols: local or systemic effects? [J]. Journal of the Science of Food and Agriculture, 2001, 81(9): 842-852.

[79] Hsu C L, Yen G C. Phenolic compounds: evidence for inhibitory effects against obesity and their underlying molecular signaling mechanisms [J]. Molecular Nutrition & Food Research, 2008, 52(5): 53-61.

[80] Hsu C M, Tsai F J, Tsai Y. Inhibitory effect of *Angelica sinensis* extract in the presence of 2-hydroxypropyl-β-cyclodextrin [J]. Carbohydrate Polymers, 2014, 114: 115-122.

[81] Hu C J, Gao Y, Liu Y, et al. Studies on the mechanism of efficient extraction of tea compo-

nents by aqueous ethanol [J]. Food Chemistry,2016,194:312-318.

[82] Hykkerud Steindal A L,Rødven R,Hansen E,et al. Effects of photoperiod,growth temperature and cold acclimatization on glucosinolates, sugars and fatty acids in kale [J]. Food Chemistry,2015,174:44-51.

[83] Ibarz A,Pagan J,Miguelsanz R. Rheology of clarified fruit juices. Ⅱ:blackcurrant juices [J]. Journal of Food Engineering,1992,15:63-73.

[84] Ignat I,Volf I,Popa V I. A critical review of methods for characterisation of polyphenolic compounds in fruits and vegetables [J]. Food Chemistry,2011,126(4):1821-1835.

[85] Jemai H,El Feki A,Sayadi S. Antidiabetic and antioxidant effects of hydroxytyrosol and oleuropein from olive leaves in alloxan-diabetic rats [J]. Journal of Agricultural and Food Chemistry,2009,57(19):8798-8804.

[86] Jeong J B,Park J H,Lee H K,et al. Protective effect of the extracts from *Cnidium officinale* against oxidative damage induced by hydrogen peroxide via antioxidant effect [J]. Food and Chemical Toxicology,2009,47(3):525-529.

[87] Kadan S,Saad B,Sasson Y,et al. In vitro evaluations of cytotoxicity of eight antidiabetic medicinal plants and their effect on GLUT4 translocation [J]. Evidence-Based Complementray and Alternative Medicine,2013(1):549345.

[88] Kar F,Arslan N. Effect of temperature and concentration on viscosity of orange peel pectin solutions and intrinsic viscosity-molecular weight relationship [J]. Carbohydrate Polymers,1999,40:277-284.

[89] Karimi M,Ahmadi A,Hashemi J,et al. The effect of soil moisture depletion on Stevia (*Stevia rebaudiana Bertoni*) grown in greenhouse conditions:growth,steviol glycosides content,soluble sugars and total antioxidant capacity [J]. Scientia Horticulturae,2015, 183:93-99.

[90] Kokkinou A,Makedonopoulou S,Mentzafos D. The crystal structure of the 1:1 complex of β-cyclodextrin with trans-cinnamic acid [J]. Carbohydrate Research,2000,328(2): 135-140.

[91] Korompokis K,Igoumenidis P E,Mourtzinos I,et al. Green extraction and simultaneous inclusion complex formation of *Sideritis scardica* polyphenols [J]. International Food Research Journal,2017,24:1233-1238.

[92] Kpodo F M,Agbenorhevi J K,Alba K,et al. Pectin isolation and characterization from six okra genotypes [J]. Food Hydrocolloids,2017,72:323-330.

[93] Kurkov S V,Loftsson T. Cyclodextrins [J]. International Journal of Pharmaceutics,2013, 453:167-180.

[94] Ley S H, Yu M K, Li K C, et al. Limnological survey of the lakes of Yunnan plateau [J]. Oceanologia Et Limnologia Sinica,1963(2):87-114.

[95] Li Z Z,Lu M X,Gichira A W,et al. Genetic diversity and population structure of *Ottelia acuminata* var. *jingxiensis*,an endangered endemic aquatic plant from southwest China [J]. Aquatic Botany,2019,152:20-26.

[96] Liu L L,Ma Y J,Chen X,et al. Screening and identification of BSA bound ligands from Puerariae lobata flower by BSA functionalized Fe_3O_4 magnetic nanoparticles coupled with HPLC-MS/MS [J]. Journal of Chromatography B,2012,887-888:55-60.

[97] Liu T,Sui X,Li L,et al. Application of ionic liquids based enzyme assisted extraction of chlorogenic acid from *Eucommia ulmoides* leaves [J]. Analytica Chimica Acta,2016,903: 91-99.

[98] Liu W,Fu Y,Zu Y,et al. Negative-pressure cavitation extraction for the determination of flavonoids in pigeon pea leaves by liquid chromatography-tandem mass spectrometry [J]. Journal of Chromatography A,2009,1216(18):3841-3850.

[99] López-Lázaro M. Distribution and biological activities of the flavonoid luteolin [J]. Mini-Reviews in Medicinal Chemistry,2009,9:31-59.

[100] López-Miranda S,Serrano-Martínez A,Hernández-Sánchez P,et al. Use of cyclodextrins to recover catechin and epicatechin from red grape pomace [J]. Food Chemistry,2016,203: 379-385.

[101] Lu Y H,Tian C R,Gao C Y,et al. Nutritional profiles,phenolics and DNA damage protective effect of *Lycopus lucidus Turcz*. root at different harvest times [J]. International Journal of Food Properties,2017(20):S3062-S3077.

[102] Lu Y H,Tian C R,Gao C Y,et al. Phenolic composition,antioxidant capacity and inhibitory effects on α-glucosidase and lipase of immature faba bean seeds [J]. International Journal of Food Properties,2018,21(1):2366-2377.

[103] Lu Y H,Tian C R,Gao C Y,et al. Protective effect of free phenolics from *Lycopus lucidus Turcz*. root on carbon tetrachloride-induced liver injury in vivo and in vitro [J]. Food & Nutrition Research,2018,62:1398.

[104] Lynch C J,Adams S H. Branched-chain amino acids in metabolic signalling and insulin resistance [J]. Nature Reviews Endocrinology,2014,10(12):723-736.

[105] Ma T T,Sun X Y,Tian C R,et al. Enrichment and purification of polyphenol extract from *Sphallerocarpus gracilis* stems and leaves and in vitro evaluation of DNA damage-protective activity and inhibitory effects of α-amylase and α-glucosidase [J]. Molecules, 2015,20(12):21442-21457.

[106] Ma X B,Wang D L,Chen W J,et al. Effects of ultrasound pretreatment on the enzymolysis of pectin:Kinetic study, structural characteristics and anti-cancer activity of the hydroly-sates,[J]. Food Hydrocolloids, 2018,79:90-99.

[107] Maatta-Riihinen K R,Kamal-Eldin A,Mattila P H,et al. Distribution and contents of phenolic compounds《Food Hydrocouoids》in eighteen Scandinavian berry species [J]. Journal of Agricultural and Food Chemistry,2004,52(14):4477-4486.

[108] Malini P,Kanchana G,Rajadurai M. Antibiabetic efficacy of ellagic acid in streptozotocin induced diabetes mellitus in albino wistar rats [J]. Asian Journal of Pharmaceutical and Clinical Research,2011,4(3):124-128.

[109] Maxwell E G J,Belshaw N,Waldron K W,et al. Pectin-Anemerging new bioactive food polysaccharide [J]. Trends in Food Science & Technology,2012,24:64-73.

[110] Meng S X,Cao J M,Feng Q,et al. Roles of chlorogenic acid on regulating glucose and lipids metabolism:a review [J]. Evidence-Based Complementary and Alternative Medi-cine,2013,15:801457-801467.

[111] Mercader-Ros M T,Lucas-Abellán C,Fortea M I,et al. Effect of HP-β-cyclodextrins complexation on the antioxidant activity of flavonols [J]. Food Chemistry,2010,118(3): 769-773.

[112] Monsoor M A,Kalapathy U,Proctor A. Determination of polygalacturonic acid content in pectin extracts by diffuse reflectance Fourier transform infrared spectroscopy [J]. Food Chemistry,2001,74:233-238.

[113] Morello J R,Romero M P,Ramo T,et al. Evaluation of L-phenylalanine ammonia-lyase activity and phenolic profile in olive drupe(*Olea europaea* L.)from fruit setting period to harvesting time [J]. Plant Science,2005,168:65-72.

[114] Mushtaq M,Sultana B,Anwar F,et al. Enzyme-assisted supercritical fluid extraction of phenolic antioxidants from pomegranate peel [J]. The Journal of Supercritical Fluids, 2015,104:122-131.

[115] Mushtaq M,Sultana B,Akram S,et al. Enzyme assisted supercritical fluid extraction: an alternative and green technology for nonextractable polyphenols [J]. Analytical and Bioan-

alytical Chemistry,2017,409(14):3645-3655.

[116] Naczk M,Shahidi F. Extraction and analysis of phenolics in food [J]. Journal of Chromatography A,2004,1054(1-2):95-111.

[117] Naczk M,Shahidi F. Phenolics in cereals,fruits and vegetables:occurrence,extraction and analysis [J]. Journal of Pharmaceutical and Biomedical Analysis, 2006, 41 (5): 1523-1542.

[118] Naveed M,Hejazi V,Abbas M,et al. Chlorogenic acid(CGA):a pharmacological review and call for further research [J]. Biomedicine & Pharmacotherapy,2018,97:67-74.

[119] Nayak B,Liu R H,Tang J. Effect of processing on phenolic antioxidants of fruits,vegetables, and grains-a review [J]. Critical Reviews in Food Science & Nutrition,2015,55 (7):887-918.

[120] Netzel M,Netzel G,Tian Q,et al. Sources of antioxidant activity in Australian native fruits. identification and quantification of anthocyanins [J]. Journal of Agricultural and Food Chemistry,2006,54(26):9820-9826.

[121] Nguyen T A,Liu B G,Zhao J,et al. An investigation into the supramolecular structure, solubility, stability and antioxidant activity of rutin/cyclodextrin inclusion complex [J]. Food Chemistry,2013,136(1):186-192.

[122] Oppermann S,Stein F,Kragl U. Ionic liquids for two-phase systems and their application for purification, extraction and biocatalysis [J]. Applied Microbiology and Biotechnology, 2011,89(3):493-499.

[123] Özkaya D,Nazıroğlu M,Armağan A,et al. Dietary vitamin C and E modulates oxidative stress induced-kidney and lens injury in diabetic aged male rats through modulating glucose homeostasis and antioxidant systems [J]. Cell Biochemistry and Function,2011, 29(4):287-293.

[124] Palsamy P,Sivakumar S,Subramanian S. Resveratrol attenuates hyperglycemia-mediated oxidative stress, proinflammatory cytokines and protects hepatocytes ultrastructure in streptozotocin-nicotinamide-induced experimental diabetic rats [J]. Chemico-Biological Interactions,2010,186(2):200-210.

[125] Pandino G,Lombardo S,Mauromicale G,et al. Phenolic acids and flavonoids in leaf and floral stem of cultivated and wild *Cynara cardunculus* L. genotypes [J]. Food Chemistry,2011,126:417-422.

[126] Papetti A,Maietta M,Corana F,et al. Polyphenolic profile of green/red spotted Italian

Cichorium intybus salads by RP-HPLC-PDA-ESI-MS[n][J]. Journal of Food Composition and Analysis,2017,63:189-197.

[127] Pena-Pereira F,Namiesnik J. Ionic liquids and deep eutectic mixtures: sustainable solvents for extraction processes [J]. ChemSusChem,2014,7(7):1784-1800.

[128] Pereira P H F,Oliveira T I S,Rosa M F,et al. Pectin extraction from pomegranate peels with citric acid [J]. International Journal of Biological Macromolecules, 2016, 88: 373-379.

[129] Pérez-Abril M,Lucas-Abellán C,Castillo-Sánchez J,et al. Systematic investigation and molecular modelling of complexation between several groups of flavonoids and HP-β-cyclo-dextrins [J]. Journal of Functional Foods,2017,36:122-131.

[130] Pinho E,Grootveld M,Soares G,et al. Cyclodextrins as encapsulation agents for plant bioactive compounds [J]. Carbohydrate Polymers,2014,101(1):121-135.

[131] Prasad K N,Yang E,Yi C,et al. Effects of high pressure extraction on the extraction yield,total phenolic content and antioxidant activity of longan fruit pericarp [J]. Innovative Food Science & Emerging Technologies,2009,10(2):155-159.

[132] Priyadarsini K I,Khopde S M,Kumar S S,et al. Free radical studies of ellagic acid,a natural phenolic antioxidant [J]. Journal of Agricultural and Food Chemistry,2002,50 (7):2200-2206.

[133] Qi X L,Peng X,Huang Y Y,et al. Green and efficient extraction of bioactive flavonoids from *Equisetum palustre* L. by deep eutectic solvents-based negative pressure cavitation method combined with macroporous resin enrichment [J]. Industrial Crops and Products,2015,70:142-148.

[134] Rajha H N,Chacar S,Afif C,et al. β-Cyclodextrin-assisted extraction of polyphenols from vine shoot cultivars [J]. Journal of Agricultural and Food Chemistry,2015,63 (13):3387-3393.

[135] Rantwijk F,Sheldon R A. Biocatalysis in ionic liquids [J]. Chemical Reviews,2007,107 (6):2757-2785.

[136] Re R,Pellegrini N,Proteggente A,et al. Antioxidant activity applying an improved ABTS radical cation decolorization assay [J]. Free Radical Biology and Medicine,1999, 26(910):1231-1237.

[137] Regos I,Urbanella A,Treutter D. Identification and quantification of phenolic compounds from the forage legume sainfoin(*Onobrychis viciifolia*) [J]. Journal of Agricultural and

Food Chemistry,2009,57:5843-5852.

[138] Reynolds P S,Fisher B J,McCarter J,et al. Interventional vitamin C: A strategy for attenuation of coagulopathy and inflammation in a swine multiple injuries model [J]. Journal of Trauma and Acute Care Surgery,2018,85:57-67.

[139] Roleira F M F,Tavares-da-Silva E J,Varela C L,et al. Plant derived and dietary phenolic antioxidants:anticancer properties [J]. Food Chemistry,2015,183:235-258.

[140] Rostagno, M A, Prado, J M. Natural product extraction: principles and applications [M]. London:Royal Society of Chemistry,2013.

[141] Rumbold A,Crowther C A. Vitamin E supplementation in pregnancy [J]. Cochrane Database of Systematic Reviews,2005,9(2):CD004069.

[142] Said H M,Ross A C. Riboflavin. Modern nutrition in health and disease [M]. 11th ed. Baltimore,MD:Lippincott Williams & Wilkins,2014,325-330.

[143] Sanaka M,Yamamoto T,Anjiki H,et al. Effect of agar and pectin on gastric emptying and post-prandial glycaemic profiles in healthy human volunteers [J]. Clinical & Experimental Pharmacology & Physiology,2007,34(11):1151-1155.

[144] Sanches S C,Ramalho L N,Mendes-Braz M,et al. Riboflavin(vitamin B2)reduces hepatocellular injury following liver ischaemia and reperfusion in mice [J]. Food and Chemical Toxicology,2014,67:65-71.

[145] Sánchez-Camargo A,Del P,Montero L,et al. Considerations on the use of enzyme assisted extraction in combination with pressurized liquids to recover bioactive compounds from algae [J]. Food Chemistry,2016,192:67-74.

[146] Sánchez-Moreno C. Compuestos polifenólicos: estructuray classificación: presencia en alimentosy consumo [J]. Biodisponibilidady Metabolismo. Alimentaria, 2002, 329: 19-28.

[147] Sánchez-Rabaneda F,Jáuregui O,Casals I,et al. Liquid chromatographic/electrospray ionization tandem mass spectrometric study of the phenolic composition of cocoa(Theobroma cacao) [J]. Journal of Mass Spectrometry,2003,38:35-42.

[148] Scalbert A,Williamson G. Dietary intake and bioavailability of polyphenols [J]. Journal of Nutrition,2000,130(8):2073S-2085S.

[149] Schmidt D,Frommer W,Junge B,et al. α-Glucosidase inhibitors:new complex oligosaccharides of microbial origin [J]. Naturwissenschaften,1977,64(10):535-536.

[150] Shahidi F,Naczk M. Phenolics in food and nutraceuticals:sources,applications and health

effects [M]. CRC Press,Boca Raton,FL,2004.

[151] Shirley B W. Flavonoid biosynthesis:"new" functions for an "old" pathway [J]. Trends in Plant Science,1996,1:377-382.

[152] Shu P,Hong J L,Gang W U,et al. Analysis of flavonoids and phenolic acids in *Iris tectorum* by HPLC-DAD-ESI-MS^n [J]. Chinese Journal of Natural Medicines,2010,8(3): 202-207.

[153] Smith E L,Abbott A P,Ryder K S,et al. Deep eutectic solvents(DESs)and their applications [J]. Chemical Reviews,2014,114(21):11060-11082.

[154] Solerte S B,Fioravanti M,Locatelli E,et al. Improvement of blood glucose control and insulin sensitivity during a long-term(60 weeks)randomized study with amino acid dietary supplements in elderly subjects with type 2 diabetes mellitus [J]. American Journal of Cardiology,2008a,101(11):82-88.

[155] Solerte S B,Gazzaruso C,Bonacasa R,et al. Nutritional supplements with oral amino acid mixtures increases whole-body lean mass and insulin sensitivity in elderly subjects with sarcopenia [J]. American Journal of Cardiology,2008b,101(11):69-77.

[156] Spanou C,Bourou G,Dervishi A,et al. Antioxidant and chemopreventive properties of polyphenolic compounds derived from Greek Legume plant extracts [J]. Journal of Agricultural and Food Chemistry,2008,56:6967-6976.

[157] Spínola V,Llorent-Martínez E J,Gouveia S,et al. *Myrica faya*:a new source of antioxidant phytochemicals [J]. Journal of Agricultural and Food Chemistry, 2014, 62: 9722-9735.

[158] Spínola V,Pinto J,Castilho P C. Hypoglycemic,anti-glycation and antioxidant in vitro properties of two *Vaccinium* species from Macaronesia:a relation to their phenolic composition [J]. Journal of Functional Foods,2018,40:595-605.

[159] Talcott S T,Howard L R. Chemical and sensory quality of processed carrot puree as influenced by stress-induced phenolic compounds [J]. Journal of Agricultural and Food Chemistry, 1999,47(4):1362-1366.

[160] Tang B,Bi W,Zhang H,et al. Deep eutectic solvent-based HS-SME coupled with GC for the analysis of bioactive terpenoids in *Chamaecyparis obtusa* leaves [J]. Chromatographia, 2014,77(3-4):373-377.

[161] Tian H,Li W Y,Xiao D,et al. Negative-pressure cavitation extraction of secoisolariciresinol diglycoside from flaxseed cakes [J]. Molecules, 2015,20(6):11076-11089.

[162] Toeller M. α-Glucosidase inhibitors in diabetes：efficacy in NIDDM subjects [J]. European Journal of Clinical Investigation,1994,24：31-35.

[163] Turkoglu A,Duru M E,Mercan N,et al. Antioxidant and antimicrobial activities of *Laetiporus sulphureus*(Bull.)Murrill [J]. Food Chemistry,2007,101(1)：267-273.

[164] Venketeshwer R. Phytochemicals—A global perspective of their role in nutrition and health [M]. Rijeka：InTech,2012：486.

[165] Venuti V,Cannava C,Cristiano M C,et al. A characterization study of resveratrol/sulfobutyl ether-β-cyclodextrin inclusion complex and in vitro anticancer activity [J]. Colloids and Surfaces B-Biointerfaces,2014,115：22-28.

[166] Waldron K W,Ng A,Parker M L,et al. Ferulic acid dehydrodimers in the cell walls of Beta vulgaris and their possible role in texture [J]. Journal of the Science of Food and Agriculture,1997,74(2)：221-228.

[167] Wang B M,Chen J J,Chen L S,et al. Combined drought and heat stress in *Camellia oleifera* cultivars：leaf characteristics,soluble sugar and protein contents,and Rubisco gene expression [J]. Trees-Structure and Function,2015,29(5)：1483-1492.

[168] Wang Q F,Guo Y H,Haynes R R,et al. Flora of China-Hydrocharitaceae [M]. Volume 23. Science Press and Missouri Botanical Garden Press,Beijing and St. Louis,2010,23：91-102.

[169] Wang T,Guo N,Wang S X,et al. Ultrasound-negative pressure cavitation extraction of phenolic compounds from blueberry leaves and evaluation of its DPPH radical scavenging activity [J]. Food and Bioproducts Processing,2018,108： 69-80.

[170] Wang W,Sun C,Mao L,et al. The biological activities,chemical stability,metabolism and delivery systems of quercetin：a review [J]. Trends in Food Science & Technology,2016,56：21-38.

[171] Wissam Z,Ghada B,Wassim A,et al. Effective extraction of polyphenols and proanthocyanidins from pomegranate's peel [J]. International Journal of Pharmacy and Pharmaceutical Sciences,2012,4：675-682.

[172] Xie G Y,Zhu Y,Shu P,et al. Phenolic metabolite profiles and antioxidants assay of three Iridaceae medicinal plants for traditional Chinese medicine "*She-gan*" by on-line HPLC-DAD coupled with chemiluminescence(CL) and ESI-Q-TOF-MS/MS [J]. Journal of Pharmaceutical and Biomedical Analysis,2014,98：40-51.

[173] Yang B R. Sugars,acids,ethyl β-D-glucopyranose and a methyl inositol in sea buckthorn

(*Hippophaë rhamnoides*)berries [J]. Food Chemistry,2009,112(1):89-97.

[174] Yang J S,Mu T H,Ma M M. Extraction,structure,and emulsifying properties of pectin from potato pulp [J]. Food Chemistry,2018,244:197-205.

[175] Yang J A,Yx A,Feng L A,et al. Pectin extracted from persimmon peel:a physicochemical characterization and emulsifying properties evaluation [J]. Food Hydrocolloids,2020, 101:105561.

[176] Yao X H,Zhang D Y,Luo M,et al. Negative pressure cavitation-microwave assisted preparation of extract of *Pyrola incarnata Fisch*. rich in hyperin,2-*O*-galloylhyperin and chimaphilin and evaluation of its antioxidant activity [J]. Food Chemistry,2015,169: 270-276.

[177] Yin Z H,Sun C H,Fang H Z. Analysis and comparison on fragmentation behavior of quercetin and morin by ESI-MS [J]. Journal of Instrumental Analysis, 2017, 36: 205-211.

[178] Yoon Y,Kuppusamy S,Cho K M,et al. Influence of cold stress on contents of soluble sugars, vitamin C and free amino acids including gamma-aminobutyric acid(GABA)in spinach(*Spinacia oleracea*) [J]. Food Chemistry,2017,215:185-192.

[179] Yu L N,Liu H X,Shao X F,et al. Effects of hot air and methyl jasmonate treatment on the metabolism of soluble sugars in peach fruit during cold storage [J]. Postharvest Biology and Technology,2016,113:8-16.

[180] Zhang B,Deng Z,Ramdath D D,et al. phenolic profiles of 20 Canadian Lentil Cultivars and their contribution to antioxidant activity and inhibitory effects on α-glucosidase and pancreatic lipase [J]. Food Chemistry,2015,172:862-872.

[181] Zhang D Y,Yao X H,Duan M H,et al. An effective homogenate-assisted negative pressure cavitation extraction for the determination of phenolic compounds in *pyrola* by LC-MS/MS and the evaluation of its antioxidant activity [J]. Food & Function,2015,6 (10):3323-3333.

[182] Zhang D Y,Zu Y G,Fu Y J,et al. Enzyme pretreatment and negative pressure cavitation extraction of genistein and apigenin from the roots of pigeon pea [*Cajanus cajan*(L.) Millsp.]and the evaluation of antioxidant activity [J]. Industrial Crops and Products, 2012,37(1):311-320.

[183] Zhang Q,De Oliveira Vigier K,Royer S,et al. Deep eutectic solvents:syntheses, properties and applications [J]. Chemical Society Reviews,2012,41(21):7108-7146.

[184] Zhang S, Zhang H Y, Xu Z Z, et al. Chimonanthus praecox extract/cyclodextrin inclusion complexes：Selective inclusion, enhancement of antioxidant activity and thermal stability [J]. Industrial Crops and Products, 2017, 95：60-65.

[185] Cai, R. , Yuan, Y. , Cui, L. , Wang, Z. , Yue, T. , Cyclodextrin-assisted Extraction of Phenolic Compounds：Current Research and Future Prospects [J]. Trends in Food Science & Technology, 2018, 79：19-27.

生长于水中盛花期的海菜花

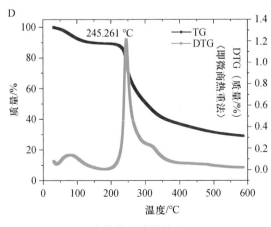

海菜花果胶的热重

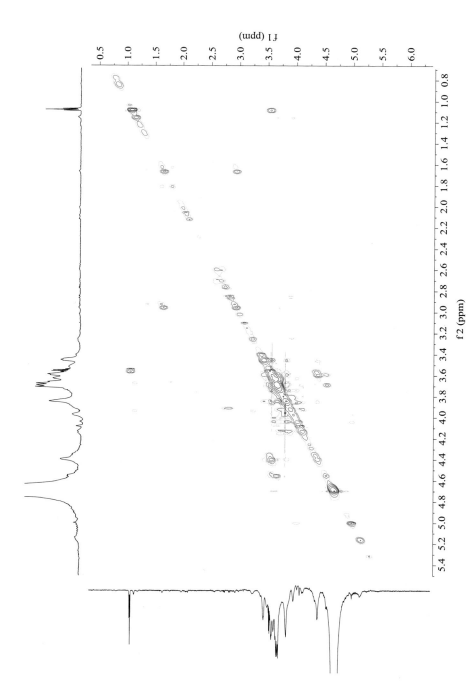

海莱花果胶的核磁共振 TOCSY 光谱

pH 2

pH 4

pH 6

pH 8

pH 10

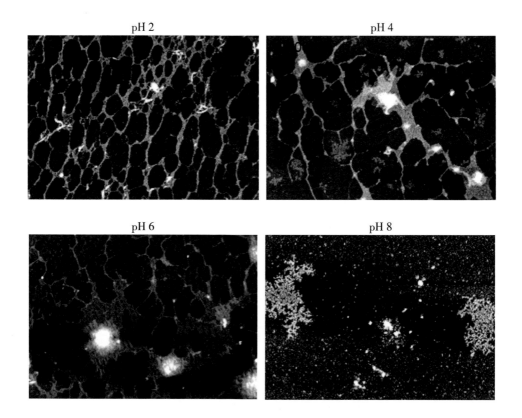

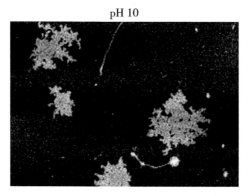

海菜花果胶原子力显微镜结构观察

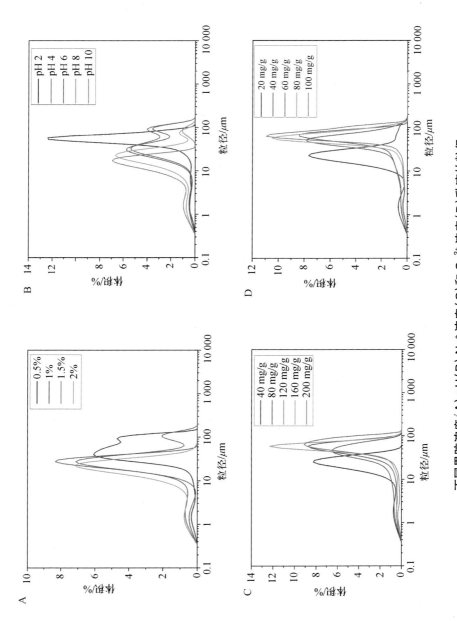

不同果胶浓度（A）、pH（B）、Na⁺浓度（C）和 Ca²⁺浓度（D）乳液的粒径

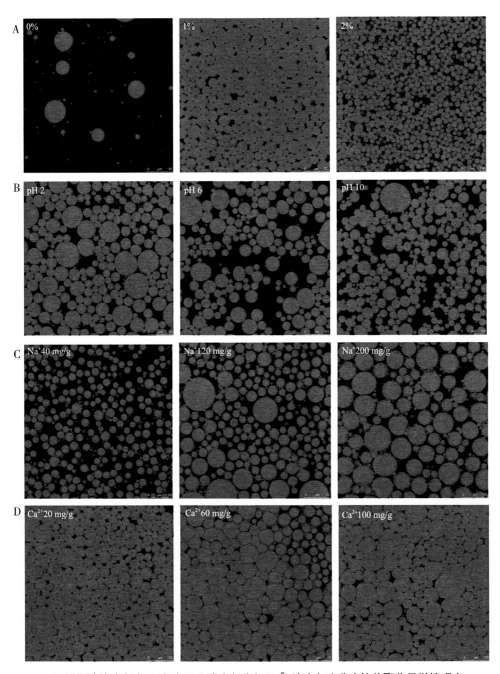

不同果胶浓度（A）、pH（B）、Na⁺浓度（C）和 Ca²⁺浓度（D）乳液的共聚焦显微镜观察

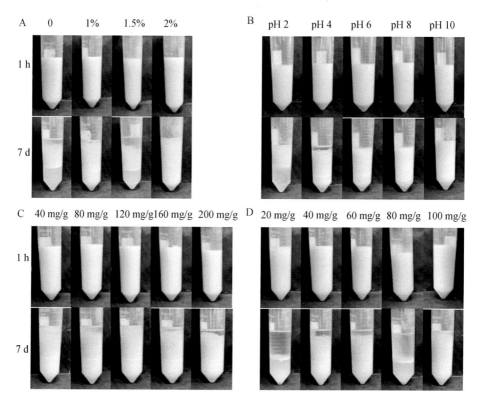

储存 7 d 后,不同果胶浓度(A)、pH(B)、Na⁺ 浓度(C)和 Ca²⁺ 浓度(D)的乳液光学显微照片

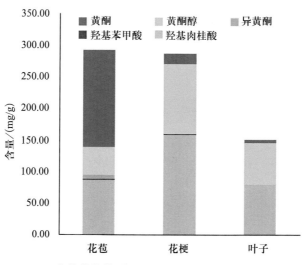

海菜花花苞、花梗和叶子中多酚的组成